Hülfstafeln

zu den

Bonner südlichen Zonen.

Astronomische
Beobachtungen
auf der Sternwarte
der Königlichen Rheinischen Friedrich-Wilhelms-Universität zu Bonn.

Angestellt und herausgegeben

von

Dr. Fr. W. A. Argelander,

o. ö. Prof. d. Astronomie und Director der Sternwarte.

Anhang zum zweiten Bande

enthaltend

Hülfstafeln zur leichtern Berechnung der Beobachtungen in den südlichen Zonen.

Bonn,

bei Adolph Marcus.

1852.

Vorwort.

Die Form, welche Bessel den Hülfstafeln zur Reduction von Zonenbeobachtungen auf eine mittlere Epoche gegeben hat, lässt in allen gewöhnlichen Fällen, weder in Beziehung auf Sicherheit und Genauigkeit noch auch auf Bequemlichkeit, irgend etwas zu wünschen übrig. Wenn aber die Sterne in so geringen Höhen beobachtet wurden, wie dies bei den Bonner südlichen Zonen der Fall ist, hören diese Eigenschaften für die Berechnung der Declinationen auf. Nicht nur werden die gewöhnlich mit d' bezeichneten Veränderungen derselben so gross, dass der Proportionaltheil im Kopfe nicht mehr leicht und sicher genommen werden kann, sondern sie werden wegen der dann nicht mehr gleichförmigen Aenderung der Refraction auch fehlerhaft, selbst wenn man die Veränderung der Refractionsconstante oder vielmehr der von Bessel mit α bezeichneten Quantität berücksichtigt. Dieser Fehler würde zwar durch eine besondere Correctionstafel gehoben werden können, durch die Anwendung einer solchen aber die Rechnung noch beschwerlicher werden. Desshalb habe ich die folgenden Hülfstafeln berechnet, durch welche der Gebrauch der Zonen wesentlich erleichtert wird. Sie geben nämlich für jedes in den Zonen vorkommende d' die Grösse

$$\frac{\delta - D}{100} \cdot d' + R$$

von $(\delta - D) = \pm 1'$ bis $\pm 80'$ von Minute zu Minute, und zwar in der ersten der beiden unter einem d' als Rubrum stehenden Columnen für ein positives, in der zweiten für ein negatives $(\delta - D)$, wobei nicht zu überschen ist, dass δ und D selbst immer negatif sind, also die gesuchte Quantität aus der ersten Columne zu entnehmen ist, wenn δ absolut genommen kleiner, aus der zweiten, wenn es grösser als D ist. R ist aber eben der Unterschied zwischen der wahren Refractionsänderung für $(\delta - D)$ Minuten und der gleichförmigen, welche in d' enthalten ist. Diese Quantität ist nun zwar für einen mittlern Barometer- und Thermometerstand berechnet, und es kann dadurch in den tiefsten Zonen in einzelnen Fällen ein Fehler von 0''.2 bis 0''.3, ja in den Zonen 315 und 321 bei $\delta = -31° 20'$ sogar von 0''.5 entstehn; indess kommt selbst dieses Extrem gar nicht in Betracht gegen die Unsicherheit der Beobachtung, deren wahrscheinlicher Betrag bei $-29°$ schon 1''.4, bei $-31°$ wohl 1''.6 bis 1''.7 ist.

Um keine Zweideutigkeit im Gebrauche dieser Hülfstafeln und der Reductionstafeln überhaupt zu lassen, gebe ich als Beispiel die Berechnung der 3 in den Zonen vorkommenden Beobachtungen des Sterns ζ Piscis austrini.

	α (h m s)	δ (° ' '')	
Z. 260 Nr. 24.	22 23 8.80	− 26 50 2.6	D − 26° (δ − D) − 50'.0
k	− 36.06	+ 6.8	d
−0''.06 × −0.50	+ 0.03	− 16.2	pag. 51. 30''.5 Col. II.
mittl. Ort 1850	22 22 32.77	− 26 50 12.0	
Z. 265 Nr 27	22 23 10.39	− 26 50 53.9	D − 28° (δ − D) + 69'.1
k	− 37.612	+ 15.14	d
−0''.025 × +0.69	− 0.017	+ 25.62	pag. 67 40''.2 Col. I.
mittl. Ort 1850	22 22 32.76	− 26 50 13.1	
Z. 312 Nr. 20.	22 24 15.64	− 26 49 50.3	D − 26° (δ − D) − 49'.8
k	− 1 42.767	− 7.8	d
+0''.05 × −0.498	− 0.025	− 15.9	pag. 49. 29''.9 Col II.
mittl. Ort 1850	22 22 32.85	− 26 50 14.0	

Die Declination des British Association Catalogue scheint ein Mittel aus Taylor und Brisbane und die letzte bedeutend zu südlich zu sein.

Hülfstafeln

zu den

Bonner südlichen Zonen.

— 16°

	9″.6		9″.7		9″.8		9″.9		10″.0	
	+	−	+	−	+	−	+	−	+	−
′	″	″	″	″	″	″	″	″	″	″
1	0.1	0.1	0.1	0.1	0.1	0.1	0.1	0.1	0.1	0.1
2	0.2	0.2	0.2	0.2	0.2	0.2	0.2	0.2	0.2	0.2
3	0.3	0.3	0.3	0.3	0.3	0.3	0.3	0.3	0.3	0.3
4	0.4	0.4	0.4	0.4	0.4	0.4	0.4	0.4	0.4	0.4
5	0.5	0.5	0.5	0.5	0.5	0.5	0.5	0.5	0.5	0.5
6	0.6	0.6	0.6	0.6	0.6	0.6	0.6	0.6	0.6	0.6
7	0.7	0.7	0.7	0.7	0.7	0.7	0.7	0.7	0.7	0.7
8	0.8	0.8	0.8	0.8	0.8	0.8	0.8	0.8	0.8	0.8
9	0.9	0.9	0.9	0.9	0.9	0.9	0.9	0.9	0.9	0.9
10	1.0	1.0	1.0	1.0	1.0	1.0	1.0	1.0	1.0	1.0
11	1.0	1.1	1.1	1.1	1.1	1.1	1.1	1.1	1.1	1.1
12	1.1	1.2	1.1	1.2	1.2	1.2	1.2	1.2	1.2	1.2
13	1.2	1.3	1.2	1.3	1.3	1.3	1.3	1.3	1.3	1.3
14	1.3	1.4	1.3	1.4	1.4	1.4	1.4	1.4	1.4	1.4
15	1.4	1.5	1.4	1.5	1.4	1.5	1.5	1.5	1.5	1.5
16	1.5	1.6	1.5	1.6	1.5	1.6	1.6	1.6	1.6	1.6
17	1.6	1.7	1.6	1.7	1.6	1.7	1.7	1.7	1.7	1.7
18	1.7	1.8	1.7	1.8	1.7	1.8	1.8	1.8	1.8	1.8
19	1.8	1.9	1.8	1.9	1.8	1.9	1.9	1.9	1.9	1.9
20	1.9	2.0	1.9	2.0	1.9	2.0	2.0	2.0	2.0	2.0
21	2.0	2.1	2.0	2.1	2.0	2.1	2.0	2.1	2.1	2.1
22	2.1	2.2	2.1	2.2	2.1	2.2	2.1	2.2	2.2	2.2
23	2.2	2.3	2.2	2.3	2.2	2.3	2.2	2.3	2.3	2.3
24	2.3	2.4	2.3	2.4	2.3	2.4	2.3	2.4	2.4	2.5
25	2.3	2.5	2.4	2.5	2.4	2.5	2.4	2.5	2.5	2.6
26	2.4	2.6	2.5	2.6	2.5	2.6	2.5	2.6	2.5	2.7
27	2.5	2.7	2.6	2.7	2.6	2.7	2.6	2.7	2.6	2.8
28	2.6	2.8	2.7	2.8	2.7	2.8	2.7	2.8	2.7	2.9
29	2.7	2.9	2.7	2.9	2.8	2.9	2.8	2.9	2.8	3.0
30	2.8	3.0	2.8	3.0	2.9	3.0	2.9	3.0	2.9	3.1
31	2.9	3.1	2.9	3.1	3.0	3.1	3.0	3.2	3.0	3.2
32	3.0	3.2	3.0	3.2	3.1	3.2	3.1	3.3	3.1	3.3
33	3.1	3.3	3.1	3.3	3.2	3.3	3.2	3.4	3.2	3.4
34	3.2	3.4	3.2	3.4	3.2	3.4	3.3	3.5	3.3	3.5
35	3.3	3.5	3.3	3.5	3.3	3.5	3.4	3.6	3.4	3.6
36	3.4	3.6	3.4	3.6	3.4	3.6	3.5	3.7	3.5	3.7
37	3.4	3.7	3.5	3.7	3.5	3.7	3.6	3.8	3.6	3.8
38	3.5	3.8	3.6	3.8	3.6	3.8	3.7	3.9	3.7	3.9
39	3.6	3.9	3.7	3.9	3.7	3.9	3.8	4.0	3.8	4.0
40	3.7	4.0	3.8	4.0	3.8	4.0	3.8	4.1	3.9	4.1

— 16°

	9″.6		9″.7		9″.8		9″.9		10″.0	
	+	−	+	−	+	−	+	−	+	−
′	″	″	″	″	″	″	″	″	″	″
41	3.8	4.1	3.9	4.1	3.9	4.1	3.9	4.2	4.0	4.2
42	3.9	4.2	4.0	4.2	4.0	4.2	4.0	4.3	4.1	4.3
43	4.0	4.3	4.0	4.3	4.1	4.4	4.1	4.4	4.2	4.4
44	4.1	4.4	4.1	4.4	4.2	4.5	4.2	4.5	4.3	4.6
45	4.2	4.5	4.2	4.5	4.3	4.6	4.3	4.6	4.4	4.7
46	4.3	4.6	4.3	4.6	4.4	4.7	4.4	4.7	4.5	4.8
47	4.4	4.7	4.4	4.7	4.5	4.8	4.5	4.8	4.5	4.9
48	4.4	4.8	4.5	4.8	4.5	4.9	4.6	4.9	4.6	5.0
49	4.5	4.9	4.6	4.9	4.6	5.0	4.7	5.0	4.7	5.1
50	4.6	5.0	4.7	5.0	4.7	5.1	4.8	5.1	4.8	5.2
51	4.7	5.1	4.8	5.2	4.8	5.2	4.9	5.3	4.9	5.3
52	4.8	5.2	4.9	5.3	4.9	5.3	5.0	5.4	5.0	5.4
53	4.9	5.3	4.9	5.4	5.0	5.4	5.1	5.5	5.1	5.5
54	5.0	5.4	5.0	5.5	5.1	5.5	5.1	5.6	5.2	5.6
55	5.1	5.5	5.1	5.6	5.2	5.6	5.2	5.7	5.3	5.7
56	5.1	5.6	5.2	5.7	5.3	5.7	5.3	5.8	5.4	5.8
57	5.2	5.7	5.3	5.8	5.4	5.8	5.4	5.9	5.5	5.9
58	5.3	5.8	5.4	5.9	5.4	5.9	5.5	6.0	5.6	6.1
59	5.4	5.9	5.5	6.0	5.5	6.0	5.6	6.1	5.7	6.2
60	5.5	6.0	5.6	6.1	5.6	6.2	5.7	6.2	5.7	6.3
61	5.6	6.1	5.7	6.2	5.7	6.3	5.8	6.3	5.8	6.4
62	5.7	6.2	5.8	6.3	5.8	6.4	5.9	6.4	5.9	6.5
63	5.8	6.4	5.8	6.4	5.9	6.5	6.0	6.5	6.0	6.6
64	5.9	6.5	5.9	6.5	6.0	6.6	6.1	6.7	6.1	6.7
65	5.9	6.6	6.0	6.6	6.1	6.7	6.1	6.8	6.2	6.8
66	6.0	6.7	6.1	6.7	6.2	6.8	6.2	6.9	6.3	6.9
67	6.1	6.8	6.2	6.9	6.3	6.9	6.3	7.0	6.4	7.0
68	6.2	6.9	6.3	7.0	6.3	7.0	6.4	7.1	6.5	7.2
69	6.3	7.0	6.4	7.1	6.4	7.1	6.5	7.2	6.6	7.3
70	6.4	7.1	6.5	7.2	6.5	7.2	6.6	7.3	6.7	7.4
71	6.5	7.2	6.5	7.3	6.6	7.3	6.7	7.4	6.8	7.5
72	6.6	7.3	6.6	7.4	6.7	7.5	6.8	7.5	6.8	7.6
73	6.6	7.4	6.7	7.5	6.8	7.6	6.9	7.6	6.9	7.7
74	6.7	7.5	6.8	7.6	6.9	7.7	7.0	7.8	7.0	7.8
75	6.8	7.6	6.9	7.7	7.0	7.8	7.0	7.9	7.1	7.9
76	6.9	7.8	7.0	7.8	7.1	7.9	7.1	8.0	7.2	8.0
77	7.0	7.9	7.1	7.9	7.1	8.0	7.2	8.1	7.3	8.2
78	7.1	8.0	7.2	8.0	7.2	8.1	7.3	8.2	7.4	8.3
79	7.2	8.1	7.2	8.1	7.3	8.2	7.4	8.3	7.5	8.4
80	7.2	8.2	7.3	8.3	7.4	8.3	7.5	8.4	7.6	8.5

— 16°

	10″.1		10″.2		10″.3		10″.4		10″.5	
	+	−	+	−	+	−	+	−	+	−
′	″	″	″	″	″	″	″	″	″	″
1	0.1	0.1	0.1	0.1	0.1	0.1	0.1	0.1	0.1	0.1
2	0.2	0.2	0.2	0.2	0.2	0.2	0.2	0.2	0.2	0.2
3	0.3	0.3	0.3	0.3	0.3	0.3	0.3	0.3	0.3	0.3
4	0.4	0.4	0.4	0.4	0.4	0.4	0.4	0.4	0.4	0.4
5	0.5	0.5	0.5	0.5	0.5	0.5	0.5	0.5	0.5	0.5
6	0.6	0.6	0.6	0.6	0.6	0.6	0.6	0.6	0.6	0.6
7	0.7	0.7	0.7	0.7	0.7	0.7	0.7	0.7	0.7	0.7
8	0.8	0.8	0.8	0.8	0.8	0.8	0.8	0.8	0.8	0.8
9	0.9	0.9	0.9	0.9	0.9	0.9	0.9	0.9	0.9	1.0
10	1.0	1.0	1.0	1.0	1.0	1.0	1.0	1.0	1.0	1.1
11	1.1	1.1	1.1	1.1	1.1	1.1	1.1	1.2	1.2	1.2
12	1.2	1.2	1.2	1.2	1.2	1.2	1.2	1.3	1.3	1.3
13	1.3	1.3	1.3	1.3	1.3	1.4	1.3	1.4	1.4	1.4
14	1.4	1.4	1.4	1.4	1.4	1.5	1.4	1.5	1.5	1.5
15	1.5	1.5	1.5	1.6	1.5	1.6	1.5	1.6	1.6	1.6
16	1.6	1.6	1.6	1.7	1.6	1.7	1.6	1.7	1.7	1.7
17	1.7	1.7	1.7	1.8	1.7	1.8	1.7	1.8	1.8	1.8
18	1.8	1.8	1.8	1.9	1.8	1.9	1.8	1.9	1.9	1.9
19	1.9	2.0	1.9	2.0	1.9	2.0	1.9	2.0	2.0	2.0
20	2.0	2.1	2.0	2.1	2.0	2.1	2.0	2.1	2.1	2.1
21	2.1	2.2	2.1	2.2	2.1	2.2	2.1	2.2	2.2	2.2
22	2.2	2.3	2.2	2.3	2.2	2.3	2.2	2.3	2.3	2.4
23	2.3	2.4	2.3	2.4	2.3	2.4	2.3	2.4	2.4	2.5
24	2.4	2.5	2.4	2.5	2.4	2.5	2.4	2.5	2.5	2.6
25	2.5	2.6	2.5	2.6	2.5	2.6	2.5	2.7	2.6	2.7
26	2.6	2.7	2.6	2.7	2.6	2.7	2.6	2.8	2.7	2.8
27	2.7	2.8	2.7	2.8	2.7	2.8	2.7	2.9	2.8	2.9
28	2.8	2.9	2.8	2.9	2.8	3.0	2.8	3.0	2.9	3.0
29	2.9	3.0	2.9	3.0	2.9	3.1	2.9	3.1	3.0	3.1
30	3.0	3.1	3.0	3.1	3.0	3.2	3.0	3.2	3.1	3.2
31	3.1	3.2	3.1	3.2	3.1	3.3	3.1	3.3	3.2	3.3
32	3.2	3.3	3.2	3.4	3.2	3.4	3.2	3.4	3.3	3.4
33	3.2	3.4	3.3	3.5	3.3	3.5	3.3	3.5	3.4	3.6
34	3.3	3.5	3.4	3.6	3.4	3.6	3.4	3.6	3.5	3.7
35	3.4	3.6	3.5	3.7	3.5	3.7	3.5	3.7	3.6	3.8
36	3.5	3.7	3.6	3.8	3.6	3.8	3.6	3.9	3.7	3.9
37	3.6	3.8	3.7	3.9	3.7	3.9	3.7	4.0	3.8	4.0
38	3.7	4.0	3.8	4.0	3.8	4.0	3.8	4.1	3.9	4.1
39	3.8	4.1	3.9	4.1	3.9	4.1	3.9	4.2	4.0	4.2
40	3.9	4.2	4.0	4.2	4.0	4.2	4.0	4.3	4.1	4.3

— 16°

′	10″.1 +	10″.1 −	10″.2 +	10″.2 −	10″.3 +	10″.3 −	10″.4 +	10″.4 −	10″.5 +	10″.5 −
	″	″	″	″	″	″	″	″	″	″
41	4.0	4.3	4.0	4.3	4.1	4.4	4.1	4.4	4.2	4.4
42	4.1	4.4	4.1	4.4	4.2	4.5	4.2	4.5	4.3	4.6
43	4.2	4.5	4.2	4.5	4.3	4.6	4.3	4.6	4.4	4.7
44	4.3	4.6	4.3	4.6	4.4	4.7	4.4	4.7	4.5	4.8
45	4.4	4.7	4.4	4.7	4.5	4.8	4.5	4.8	4.6	4.9
46	4.5	4.8	4.5	4.9	4.6	4.9	4.6	5.0	4.7	5.0
47	4.6	4.9	4.6	5.0	4.7	5.0	4.7	5.1	4.8	5.1
48	4.7	5.0	4.7	5.1	4.8	5.1	4.8	5.2	4.9	5.2
49	4.8	5.1	4.8	5.2	4.9	5.2	4.9	5.3	5.0	5.3
50	4.9	5.2	4.9	5.3	5.0	5.3	5.0	5.4	5.1	5.4
51	5.0	5.4	5.0	5.4	5.1	5.5	5.1	5.5	5.2	5.6
52	5.1	5.5	5.1	5.5	5.2	5.6	5.2	5.6	5.3	5.7
53	5.2	5.6	5.2	5.6	5.3	5.7	5.3	5.7	5.4	5.8
54	5.3	5.7	5.3	5.7	5.4	5.8	5.4	5.8	5.5	5.9
55	5.3	5.8	5.4	5.8	5.5	5.9	5.5	6.0	5.6	6.0
56	5.4	5.9	5.5	6.0	5.5	6.0	5.6	6.1	5.7	6.1
57	5.5	6.0	5.6	6.1	5.6	6.1	5.7	6.2	5.8	6.2
58	5.6	6.1	5.7	6.2	5.7	6.2	5.8	6.3	5.9	6.3
59	5.7	6.2	5.8	6.3	5.8	6.3	5.9	6.4	6.0	6.5
60	5.8	6.3	5.9	6.4	5.9	6.5	6.0	6.5	6.0	6.6
61	5.9	6.5	6.0	6.5	6.0	6.6	6.1	6.6	6.1	6.7
62	6.0	6.6	6.1	6.6	6.1	6.7	6.2	6.7	6.2	6.8
63	6.1	6.7	6.2	6.7	6.2	6.8	6.3	6.9	6.3	6.9
64	6.2	6.8	6.2	6.8	6.3	6.9	6.4	7.0	6.4	7.0
65	6.3	6.9	6.3	7.0	6.4	7.0	6.5	7.1	6.5	7.2
66	6.4	7.0	6.4	7.1	6.5	7.1	6.6	7.2	6.6	7.3
67	6.5	7.1	6.5	7.2	6.6	7.2	6.7	7.3	6.7	7.4
68	6.6	7.2	6.6	7.3	6.7	7.4	6.8	7.4	6.8	7.5
69	6.6	7.3	6.7	7.4	6.8	7.5	6.9	7.5	6.9	7.6
70	6.7	7.4	6.8	7.5	6.9	7.6	6.9	7.7	7.0	7.7
71	6.8	7.6	6.9	7.6	7.0	7.7	7.0	7.8	7.1	7.8
72	6.9	7.7	7.0	7.7	7.1	7.8	7.1	7.9	7.2	8.0
73	7.0	7.8	7.1	7.9	7.2	7.9	7.2	8.0	7.3	8.1
74	7.1	7.9	7.2	8.0	7.3	8.1	7.3	8.1	7.4	8.2
75	7.2	8.0	7.3	8.1	7.3	8.2	7.4	8.2	7.5	8.3
76	7.3	8.1	7.4	8.2	7.4	8.3	7.5	8.4	7.6	8.3
77	7.4	8.2	7.5	8.3	7.5	8.4	7.6	8.5	7.7	8.4
78	7.5	8.3	7.5	8.4	7.6	8.5	7.7	8.6	7.8	8.6
79	7.6	8.5	7.6	8.5	7.7	8.6	7.8	8.7	7.9	8.7
80	7.6	8.6	7.7	8.7	7.8	8.7	7.9	8.8	8.0	8.8

— 16°

	10″.6		10″.7		10″.8		10″.9		11″.0	
	+	−	+	−	+	−	+	−	+	−
′	″	″	″	″	″	″	″	″	″	″
1	0.1	0.1	0.1	0.1	0.1	0.1	0.1	0.1	0.1	0.1
2	0.2	0.2	0.2	0.2	0.2	0.2	0.2	0.2	0.2	0.2
3	0.3	0.3	0.3	0.3	0.3	0.3	0.3	0.3	0.3	0.3
4	0.4	0.4	0.4	0.4	0.4	0.4	0.4	0.4	0.4	0.4
5	0.5	0.5	0.5	0.5	0.5	0.5	0.5	0.5	0.5	0.6
6	0.6	0.6	0.6	0.6	0.6	0.7	0.6	0.7	0.7	0.7
7	0.7	0.7	0.7	0.8	0.7	0.8	0.8	0.8	0.8	0.8
8	0.8	0.9	0.8	0.9	0.9	0.9	0.9	0.9	0.9	0.9
9	0.9	1.0	1.0	1.0	1.0	1.0	1.0	1.0	1.0	1.0
10	1.0	1.1	1.1	1.1	1.1	1.1	1.1	1.1	1.1	1.1
11	1.2	1.2	1.2	1.2	1.2	1.2	1.2	1.2	1.2	1.2
12	1.3	1.3	1.3	1.3	1.3	1.3	1.3	1.3	1.3	1.3
13	1.4	1.4	1.4	1.4	1.4	1.4	1.4	1.4	1.4	1.4
14	1.5	1.5	1.5	1.5	1.5	1.5	1.5	1.5	1.5	1.6
15	1.6	1.6	1.6	1.6	1.6	1.6	1.6	1.7	1.6	1.7
16	1.7	1.7	1.7	1.7	1.7	1.8	1.7	1.8	1.7	1.8
17	1.8	1.8	1.8	1.8	1.8	1.9	1.8	1.9	1.8	1.9
18	1.9	1.9	1.9	2.0	1.9	2.0	1.9	2.0	2.0	2.0
19	2.0	2.0	2.0	2.1	2.0	2.1	2.0	2.1	2.1	2.1
20	2.1	2.2	2.1	2.2	2.1	2.2	2.1	2.2	2.2	2.2
21	2.2	2.3	2.2	2.3	2.2	2.3	2.3	2.3	2.3	2.3
22	2.3	2.4	2.3	2.4	2.3	2.4	2.4	2.4	2.4	2.5
23	2.4	2.5	2.4	2.5	2.4	2.5	2.5	2.6	2.5	2.6
24	2.5	2.6	2.5	2.6	2.5	2.6	2.6	2.7	2.6	2.7
25	2.6	2.7	2.6	2.7	2.6	2.8	2.7	2.8	2.7	2.8
26	2.7	2.8	2.7	2.8	2.8	2.9	2.8	2.9	2.8	2.9
27	2.8	2.9	2.8	3.0	2.9	3.0	2.9	3.0	2.9	3.0
28	2.9	3.0	2.9	3.1	3.0	3.1	3.0	3.1	3.0	3.1
29	3.0	3.2	3.0	3.2	3.1	3.2	3.1	3.2	3.1	3.3
30	3.1	3.3	3.1	3.3	3.2	3.3	3.2	3.3	3.2	3.4
31	3.2	3.4	3.2	3.4	3.3	3.4	3.3	3.5	3.3	3.5
32	3.3	3.5	3.3	3.5	3.4	3.5	3.4	3.6	3.4	3.6
33	3.4	3.6	3.4	3.6	3.5	3.7	3.5	3.7	3.5	3.7
34	3.5	3.7	3.5	3.7	3.6	3.8	3.6	3.8	3.6	3.8
35	3.6	3.8	3.7	3.8	3.7	3.9	3.7	3.9	3.8	3.9
36	3.7	3.9	3.8	4.0	3.8	4.0	3.8	4.0	3.9	4.1
37	3.8	4.0	3.9	4.1	3.9	4.1	3.9	4.1	4.0	4.2
38	3.9	4.2	4.0	4.2	4.0	4.2	4.0	4.3	4.1	4.3
39	4.0	4.3	4.1	4.3	4.1	4.3	4.1	4.4	4.2	4.4
40	4.1	4.4	4.2	4.4	4.2	4.4	4.2	4.5	4.3	4.5

− 16°

′	10″.6 +	10″.6 −	10″.7 +	10″.7 −	10″.8 +	10″.8 −	10″.9 +	10″.9 −	11″.0 +	11″.0 −
	″	″	″	″	″	″	″	″	″	″
41	4.2	4.5	4.3	4.5	4.3	4.6	4.3	4.6	4.4	4.6
42	4.3	4.6	4.4	4.6	4.4	4.7	4.6	4.7	4.5	4.8
43	4.4	4.7	4.5	4.7	4.5	4.8	4.6	4.8	4.6	4.9
44	4.5	4.8	4.6	4.9	4.6	4.9	4.7	5.0	4.7	5.0
45	4.6	4.9	4.7	5.0	4.7	5.0	4.8	5.1	4.8	5.1
46	4.7	5.0	4.8	5.1	4.8	5.0	4.9	5.2	4.9	5.2
47	4.8	5.2	4.9	5.2	4.9	5.3	5.0	5.3	5.0	5.3
48	4.9	5.3	5.0	5.3	5.0	5.4	5.1	5.4	5.1	5.5
49	5.0	5.4	5.1	5.4	5.1	5.5	5.2	5.5	5.2	5.6
50	5.1	5.5	5.2	5.5	5.2	5.6	5.3	5.6	5.3	5.7
51	5.2	5.6	5.3	5.7	5.3	5.7	5.4	5.8	5.4	5.8
52	5.3	5.7	5.4	5.8	5.4	5.8	5.5	5.9	5.5	5.9
53	5.4	5.8	5.5	5.9	5.5	5.9	5.6	6.0	5.6	6.0
54	5.5	5.9	5.6	6.0	5.6	6.1	5.7	6.1	5.7	6.2
55	5.6	6.1	5.7	6.1	5.7	6.2	5.8	6.2	5.8	6.3
56	5.7	6.2	5.8	6.2	5.8	6.3	5.9	6.4	5.9	6.4
57	5.8	6.3	5.9	6.3	5.9	6.4	6.0	6.5	6.0	6.5
58	5.9	6.4	6.0	6.5	6.0	6.5	6.1	6.6	6.1	6.6
59	6.0	6.5	6.1	6.6	6.1	6.6	6.2	6.7	6.2	6.8
60	6.1	6.6	6.2	6.7	6.2	6.8	6.3	6.8	6.3	6.9
61	6.2	6.8	6.3	6.8	6.3	6.9	6.4	6.9	6.4	7.0
62	6.3	6.9	6.4	6.9	6.4	7.0	6.5	7.1	6.6	7.1
63	6.4	7.0	6.5	7.0	6.5	7.1	6.6	7.2	6.7	7.2
64	6.5	7.1	6.6	7.2	6.6	7.2	6.7	7.3	6.8	7.4
65	6.6	7.2	6.7	7.3	6.7	7.3	6.8	7.4	6.9	7.5
66	6.7	7.3	6.8	7.4	6.8	7.5	6.9	7.5	7.0	7.6
67	6.8	7.5	6.9	7.5	6.9	7.6	7.0	7.6	7.1	7.7
68	6.9	7.6	7.0	7.6	7.0	7.7	7.1	7.8	7.2	7.8
69	7.0	7.7	7.1	7.8	7.1	7.8	7.2	7.9	7.3	8.0
70	7.1	7.8	7.2	7.9	7.2	7.9	7.3	8.0	7.4	8.1
71	7.2	7.9	7.3	8.0	7.3	8.1	7.4	8.1	7.5	8.2
72	7.3	8.0	7.4	8.1	7.4	8.2	7.5	8.2	7.6	8.3
73	7.4	8.1	7.5	8.2	7.5	8.3	7.6	8.4	7.7	8.4
74	7.5	8.3	7.6	8.3	7.6	8.4	7.7	8.5	7.8	8.6
75	7.6	8.4	7.6	8.5	7.7	8.5	7.8	8.6	7.9	8.7
76	7.7	8.5	7.7	8.6	7.8	8.7	7.9	8.7	8.0	8.8
77	7.8	8.6	7.8	8.7	7.9	8.8	8.0	8.8	8.1	8.9
78	7.9	8.7	7.9	8.8	8.0	8.9	8.1	9.0	8.2	9.0
79	8.0	8.9	8.0	8.9	8.1	9.0	8.2	9.1	8.3	9.2
80	8.1	9.0	8.1	9.1	8.2	9.1	8.3	9.2	8.4	9.3

	− 16°				− 18°					
	11″.1		11″.2		11″.5		11″.6		11″.7	
	+	−	+	−	+	−	+	−	+	−
′	″	″	″	″	″	″	″	″	″	″
1	0.1	0.1	0.1	0.1	0.1	0.1	0.1	0.1	0.1	0.1
2	0.2	0.2	0.2	0.2	0.2	0.2	0.2	0.3	0.2	0.2
3	0.3	0.3	0.3	0.3	0.3	0.3	0.3	0.3	0.3	0.4
4	0.4	0.4	0.4	0.4	0.5	0.5	0.5	0.5	0.5	0.5
5	0.5	0.6	0.6	0.6	0.6	0.6	0.6	0.6	0.6	0.6
6	0.7	0.7	0.7	0.7	0.7	0.7	0.7	0.7	0.7	0.7
7	0.8	0.8	0.8	0.8	0.8	0.8	0.8	0.8	0.8	0.8
8	0.9	0.9	0.9	0.9	0.9	0.9	0.9	0.9	0.9	0.9
9	1.0	1.0	1.0	1.0	1.0	1.0	1.0	1.0	1.0	1.1
10	1.1	1.1	1.1	1.1	1.1	1.2	1.1	1.2	1.2	1.2
11	1.2	1.2	1.2	1.2	1.3	1.3	1.3	1.3	1.3	1.3
12	1.3	1.3	1.3	1.4	1.4	1.4	1.4	1.4	1.4	1.4
13	1.4	1.5	1.4	1.5	1.5	1.5	1.5	1.5	1.5	1.5
14	1.5	1.6	1.5	1.6	1.6	1.6	1.6	1.6	1.6	1.7
15	1.6	1.7	1.7	1.7	1.7	1.7	1.7	1.8	1.7	1.8
16	1.8	1.8	1.8	1.8	1.8	1.9	1.8	1.9	1.8	1.9
17	1.9	1.9	1.9	1.9	1.9	2.0	1.9	2.0	2.0	2.0
18	2.0	2.0	2.0	2.0	2.0	2.1	2.1	2.1	2.1	2.1
19	2.1	2.1	2.1	2.2	2.2	2.2	2.2	2.2	2.2	2.3
20	2.2	2.3	2.2	2.3	2.3	2.3	2.3	2.4	2.3	2.4
21	2.3	2.4	2.3	2.4	2.4	2.5	2.4	2.5	2.4	2.5
22	2.4	2.5	2.4	2.5	2.5	2.6	2.5	2.6	2.5	2.6
23	2.5	2.6	2.5	2.6	2.6	2.7	2.6	2.7	2.6	2.7
24	2.6	2.7	2.6	2.7	2.7	2.8	2.7	2.8	2.8	2.9
25	2.7	2.8	2.7	2.9	2.8	2.9	2.9	3.0	2.9	3.0
26	2.8	2.9	2.9	3.0	2.9	3.1	3.0	3.1	3.0	3.1
27	2.9	3.1	3.0	3.1	3.0	3.2	3.1	3.2	3.1	3.2
28	3.0	3.2	3.1	3.2	3.2	3.3	3.2	3.3	3.2	3.3
29	3.1	3.3	3.2	3.3	3.3	3.4	3.3	3.4	3.3	3.5
30	3.3	3.4	3.3	3.4	3.4	3.5	3.4	3.6	3.4	3.6
31	3.4	3.5	3.4	3.6	3.5	3.7	3.5	3.7	3.6	3.7
32	3.5	3.6	3.5	3.7	3.6	3.8	3.6	3.8	3.7	3.8
33	3.6	3.8	3.6	3.8	3.7	3.9	3.7	3.9	3.8	4.0
34	3.7	3.9	3.7	3.9	3.8	4.0	3.9	4.1	3.9	4.1
35	3.8	4.0	3.8	4.0	3.9	4.1	4.0	4.2	4.0	4.2
36	3.9	4.1	3.9	4.1	4.0	4.3	4.1	4.3	4.1	4.3
37	4.0	4.2	4.0	4.3	4.1	4.4	4.2	4.4	4.2	4.5
38	4.1	4.3	4.2	4.4	4.2	4.5	4.3	4.5	4.3	4.6
39	4.2	4.4	4.3	4.5	4.4	4.6	4.4	4.7	4.4	4.7
40	4.3	4.6	4.4	4.6	4.5	4.8	4.5	4.8	4.5	4.8

	−16°				−18°					
	11".1		11".2		11".5		11".6		11".7	
	+	−	+	−	+	−	+	−	+	−
′	″	″	″	″	″	″	″	″	″	″
41	4.4	4.7	4.5	4.7	4.6	4.9	4.6	4.9	4.7	5.0
42	4.5	4.8	4.6	4.8	4.7	5.0	4.7	5.0	4.8	5.1
43	4.6	4.9	4.7	5.0	4.8	5.1	4.8	5.2	4.9	5.2
44	4.8	5.0	4.8	5.1	4.9	5.2	4.9	5.3	5.0	5.3
45	4.9	5.2	4.9	5.2	5.0	5.4	5.0	5.4	5.1	5.5
46	5.0	5.3	5.0	5.3	5.1	5.5	5.2	5.5	5.2	5.6
47	5.1	5.4	5.1	5.4	5.2	5.6	5.3	5.7	5.3	5.7
48	5.2	5.5	5.2	5.6	5.3	5.8	5.4	5.8	5.4	5.8
49	5.3	5.6	5.3	5.7	5.4	5.9	5.5	5.9	5.5	6.0
50	5.4	5.7	5.4	5.8	5.5	6.0	5.6	6.0	5.6	6.1
51	5.5	5.9	5.5	5.9	5.6	6.1	5.7	6.2	5.7	6.2
52	5.6	6.0	5.6	6.0	5.7	6.2	5.8	6.3	5.9	6.4
53	5.7	6.1	5.7	6.2	5.8	6.4	5.9	6.4	6.0	6.5
54	5.8	6.2	5.8	6.3	6.0	6.5	6.0	6.5	6.1	6.6
55	5.9	6.3	5.9	6.4	6.1	6.6	6.1	6.7	6.2	6.7
56	6.0	6.5	6.0	6.5	6.2	6.7	6.2	6.8	6.3	6.9
57	6.1	6.6	6.2	6.6	6.3	6.9	6.3	6.9	6.4	7.0
58	6.2	6.7	6.3	6.8	6.4	7.0	6.4	7.1	6.5	7.1
59	6.3	6.8	6.4	6.9	6.5	7.1	6.5	7.2	6.6	7.2
60	6.4	6.9	6.5	7.0	6.6	7.3	6.7	7.3	6.7	7.4
61	6.5	7.1	6.6	7.1	6.7	7.4	6.8	7.4	6.8	7.5
62	6.6	7.2	6.7	7.2	6.8	7.5	6.9	7.6	6.9	7.6
63	6.7	7.3	6.8	7.4	6.9	7.6	7.0	7.7	7.0	7.8
64	6.8	7.4	6.9	7.5	7.0	7.8	7.1	7.8	7.1	7.9
65	6.9	7.5	7.0	7.6	7.1	7.9	7.2	8.0	7.2	8.0
66	7.0	7.7	7.1	7.7	7.2	8.0	7.3	8.1	7.4	8.2
67	7.1	7.8	7.2	7.8	7.3	8.1	7.4	8.2	7.5	8.3
68	7.2	7.9	7.3	8.0	7.4	8.3	7.5	8.3	7.6	8.4
69	7.3	8.0	7.4	8.1	7.5	8.4	7.6	8.5	7.7	8.5
70	7.4	8.1	7.5	8.2	7.6	8.5	7.7	8.6	7.8	8.7
71	7.5	8.3	7.6	8.3	7.7	8.7	7.8	8.7	7.9	8.8
72	7.6	8.4	7.7	8.5	7.8	8.8	7.9	8.9	8.0	8.9
73	7.7	8.5	7.8	8.6	7.9	8.9	8.0	9.0	8.1	9.1
74	7.8	8.6	7.9	8.7	8.0	9.1	8.1	9.1	8.2	9.2
75	7.9	8.8	8.0	8.8	8.1	9.2	8.2	9.3	8.3	9.3
76	8.0	8.9	8.1	9.0	8.2	9.3	8.3	9.4	8.4	9.5
77	8.1	9.0	8.2	9.1	8.3	9.4	8.4	9.5	8.5	9.6
78	8.2	9.1	8.3	9.2	8.4	9.6	8.5	9.7	8.6	9.7
79	8.3	9.3	8.4	9.3	8.5	9.7	8.6	9.8	8.7	9.9
80	8.4	9.4	8.5	9.5	8.6	9.8	8.7	9.9	8.8	10.0

— 18°

′	11″.8 +	11″.8 −	11″.9 +	11″.9 −	12″.0 +	12″.0 −	12″.1 +	12″.1 −	12″.2 +	12″.2 −
′	″	″	″	″	″	″	″	″	″	″
1	0.1	0.1	0.1	0.1	0.1	0.1	0.1	0.1	0.1	0.1
2	0.2	0.2	0.2	0.2	0.2	0.2	0.2	0.2	0.2	0.2
3	0.4	0.4	0.4	0.4	0.4	0.4	0.4	0.4	0.4	0.4
4	0.5	0.5	0.5	0.5	0.5	0.5	0.5	0.5	0.5	0.5
5	0.6	0.6	0.6	0.6	0.6	0.6	0.6	0.6	0.6	0.6
6	0.7	0.7	0.7	0.7	0.7	0.7	0.7	0.7	0.7	0.7
7	0.8	0.8	0.8	0.8	0.8	0.9	0.8	0.9	0.8	0.9
8	0.9	0.9	0.9	1.0	0.9	1.0	1.0	1.0	1.0	1.0
9	1.0	1.1	1.1	1.1	1.1	1.1	1.1	1.1	1.1	1.1
10	1.2	1.2	1.2	1.2	1.2	1.2	1.2	1.2	1.2	1.2
11	1.3	1.3	1.3	1.3	1.3	1.3	1.3	1.3	1.3	1.3
12	1.4	1.4	1.4	1.4	1.4	1.5	1.4	1.5	1.4	1.5
13	1.5	1.5	1.5	1.6	1.5	1.6	1.5	1.6	1.6	1.6
14	1.6	1.7	1.7	1.7	1.7	1.7	1.7	1.7	1.7	1.7
15	1.8	1.8	1.8	1.8	1.8	1.8	1.8	1.8	1.8	1.9
16	1.9	1.9	1.9	1.9	1.9	1.9	1.9	2.0	1.9	2.0
17	2.0	2.0	2.0	2.0	2.0	2.1	2.0	2.1	2.1	2.1
18	2.1	2.2	2.1	2.2	2.1	2.2	2.2	2.2	2.2	2.2
19	2.2	2.3	2.2	2.3	2.2	2.3	2.3	2.3	2.3	2.4
20	2.3	2.4	2.3	2.4	2.4	2.4	2.4	2.5	2.4	2.5
21	2.5	2.5	2.5	2.5	2.5	2.6	2.5	2.6	2.5	2.6
22	2.6	2.6	2.6	2.7	2.6	2.7	2.6	2.7	2.6	2.7
23	2.7	2.8	2.7	2.8	2.7	2.8	2.7	2.8	2.8	2.9
24	2.8	2.9	2.8	2.9	2.8	2.9	2.9	3.0	2.9	3.0
25	2.9	3.0	2.9	3.0	2.9	3.1	3.0	3.1	3.0	3.1
26	3.0	3.1	3.0	3.2	3.1	3.2	3.1	3.2	3.1	3.2
27	3.1	3.3	3.1	3.3	3.2	3.3	3.2	3.3	3.2	3.4
28	3.2	3.4	3.3	3.4	3.3	3.4	3.3	3.5	3.4	3.5
29	3.4	3.5	3.4	3.5	3.4	3.6	3.4	3.6	3.5	3.6
30	3.5	3.6	3.5	3.7	3.5	3.7	3.6	3.7	3.6	3.7
31	3.6	3.7	3.6	3.8	3.6	3.8	3.7	3.9	3.7	3.9
33	3.7	3.9	3.7	3.9	3.8	3.9	3.8	4.0	3.8	4.0
33	3.8	4.0	3.8	4.0	3.9	4.1	3.9	4.1	3.9	4.1
34	3.9	4.1	4.0	4.2	4.0	4.2	4.0	4.2	4.1	4.3
35	4.0	4.2	4.1	4.3	4.1	4.3	4.1	4.4	4.2	4.4
36	4.1	4.4	4.2	4.4	4.2	4.4	4.3	4.5	4.3	4.5
37	4.3	4.5	4.3	4.5	4.3	4.6	4.4	4.6	4.4	4.6
38	4.4	4.6	4.4	4.7	4.4	4.7	4.5	4.7	4.5	4.8
39	4.5	4.7	4.5	4.8	4.6	4.8	4.6	4.9	4.6	4.9
40	4.6	4.9	4.6	4.9	4.7	5.0	4.7	5.0	4.7	5.0

	11″.8		11″.9		12″.0		12″.1		12″.2	
− 18°	+	−	+	−	+	−	+	−	+	−
′	″	″	″	″	″	″	″	″	″	″
41	4.7	5.0	4.7	5.0	4.8	5.1	4.8	5.1	4.9	5.2
42	4.8	5.1	4.9	5.2	4.9	5.2	4.9	5.3	5.0	5.3
43	4.9	5.3	5.0	5.3	5.0	5.3	5.0	5.4	5.1	5.4
44	5.0	5.4	5.1	5.4	5.1	5.5	5.2	5.5	5.2	5.6
45	5.1	5.5	5.2	5.5	5.2	5.6	5.3	5.6	5.3	5.7
46	5.3	5.6	5.3	5.7	5.3	5.7	5.4	5.8	5.4	5.8
47	5.4	5.8	5.4	5.8	5.5	5.9	5.5	5.9	5.6	6.0
48	5.5	5.9	5.5	5.9	5.6	6.0	5.6	6.0	5.7	6.1
49	5.6	6.0	5.6	6.1	5.7	6.1	5.7	6.2	5.8	6.2
50	5.7	6.1	5.7	6.2	5.8	6.2	5.8	6.3	5.9	6.3
51	5.8	6.3	5.8	6.3	5.9	6.4	5.9	6.4	6.0	6.5
52	5.9	6.4	6.0	6.5	6.0	6.5	6.1	6.6	6.1	6.6
53	6.0	6.5	6.1	6.6	6.1	6.6	6.2	6.7	6.2	6.7
54	6.1	6.7	6.2	6.7	6.2	6.8	6.3	6.8	6.3	6.9
55	6.2	6.8	6.3	6.8	6.4	6.9	6.4	7.0	6.5	7.0
56	6.3	6.9	6.4	7.0	6.5	7.0	6.5	7.1	6.6	7.1
57	6.4	7.0	6.5	7.1	6.6	7.1	6.6	7.2	6.7	7.3
58	6.6	7.2	6.6	7.2	6.7	7.3	6.7	7.4	6.8	7.4
59	6.7	7.3	6.7	7.4	6.8	7.4	6.8	7.5	6.9	7.5
60	6.8	7.4	6.8	7.5	6.9	7.6	7.0	7.6	7.0	7.7
61	6.9	7.6	6.9	7.6	7.0	7.7	7.1	7.7	7.1	7.8
62	7.0	7.7	7.1	7.8	7.1	7.8	7.2	7.9	7.2	7.9
63	7.1	7.8	7.2	7.9	7.2	8.0	7.3	8.0	7.4	8.1
64	7.2	8.0	7.3	8.0	7.3	8.1	7.4	8.1	7.5	8.2
65	7.3	8.1	7.4	8.2	7.4	8.2	7.5	8.3	7.6	8.3
66	7.4	8.2	7.5	8.3	7.6	8.4	7.6	8.4	7.7	8.5
67	7.5	8.4	7.6	8.4	7.7	8.5	7.7	8.6	7.8	8.6
68	7.6	8.5	7.7	8.6	7.8	8.6	7.8	8.7	7.9	8.8
69	7.7	8.6	7.8	8.7	7.9	8.8	7.9	8.8	8.0	8.9
70	7.8	8.7	7.9	8.8	8.0	8.9	8.1	9.0	8.1	9.0
71	8.0	8.9	8.0	8.9	8.1	9.0	8.2	9.1	8.2	9.2
72	8.1	9.0	8.1	9.1	8.2	9.2	8.3	9.2	8.3	9.3
73	8.2	9.1	8.2	9.2	8.3	9.3	8.4	9.4	8.5	9.4
74	8.3	9.3	8.3	9.4	8.4	9.4	8.5	9.5	8.6	9.6
75	8.4	9.4	8.4	9.5	8.5	9.6	8.6	9.6	8.7	9.7
76	8.5	9.5	8.5	9.6	8.6	9.7	8.7	9.8	8.8	9.9
77	8.6	9.7	8.7	9.8	8.7	9.8	8.8	9.9	8.9	10.0
78	8.7	9.8	8.8	9.9	8.8	10.0	8.9	10.1	9.0	10.1
79	8.8	9.9	8.9	10.0	8.9	10.1	9.0	10.2	9.1	10.3
80	8.9	10.1	9.0	10.2	9.0	10.2	9.1	10.3	9.2	10.4

— 18°

	12″.3		12″.4		12″.5		12″.6		12″.7	
	+	−	+	−	+	−	+	−	+	−
′	″	″	″	″	″	″	″	″	″	″
1	0.1	0.1	0.1	0.1	0.1	0.1	0.1	0.1	0.1	0.1
2	0.2	0.2	0.2	0.3	0.2	0.3	0.3	0.3	0.3	0.3
3	0.4	0.4	0.4	0.4	0.4	0.4	0.4	0.4	0.4	0.4
4	0.5	0.5	0.5	0.5	0.5	0.5	0.5	0.5	0.5	0.5
5	0.6	0.6	0.6	0.6	0.6	0.6	0.6	0.6	0.6	0.6
6	0.7	0.7	0.7	0.7	0.7	0.8	0.7	0.8	0.8	0.8
7	0.9	0.9	0.9	0.9	0.9	0.9	0.9	0.9	0.9	0.9
8	1.0	1.0	1.0	1.0	1.0	1.0	1.0	1.0	1.0	1.0
9	1.1	1.1	1.1	1.1	1.1	1.1	1.1	1.1	1.1	1.2
10	1.2	1.2	1.2	1.2	1.2	1.3	1.2	1.3	1.3	1.3
11	1.3	1.4	1.3	1.4	1.4	1.4	1.4	1.4	1.4	1.4
12	1.5	1.5	1.5	1.5	1.5	1.5	1.5	1.5	1.5	1.5
13	1.6	1.6	1.6	1.6	1.6	1.6	1.6	1.6	1.6	1.7
14	1.7	1.7	1.7	1.8	1.7	1.8	1.7	1.8	1.8	1.8
15	1.8	1.9	1.8	1.9	1.9	1.9	1.9	1.9	1.9	1.9
16	1.9	2.0	2.0	2.0	2.0	2.0	2.0	2.0	2.0	2.1
17	2.1	2.1	2.1	2.1	2.1	2.2	2.1	2.2	2.1	2.2
18	2.2	2.2	2.2	2.3	2.2	2.3	2.2	2.3	2.3	2.3
19	2.3	2.4	2.3	2.4	2.3	2.4	2.3	2.4	2.4	2.4
20	2.4	2.5	2.4	2.5	2.5	2.5	2.5	2.5	2.5	2.6
21	2.5	2.6	2.6	2.6	2.6	2.7	2.6	2.7	2.6	2.7
22	2.7	2.8	2.7	2.8	2.7	2.8	2.7	2.8	2.8	2.8
23	2.8	2.9	2.8	2.9	2.8	2.9	2.8	2.9	2.9	3.0
24	2.9	3.0	2.9	3.0	2.9	3.0	3.0	3.1	3.0	3.1
25	3.0	3.1	3.1	3.2	3.1	3.2	3.1	3.2	3.1	3.2
26	3.1	3.3	3.2	3.3	3.2	3.3	3.2	3.3	3.3	3.4
27	3.3	3.4	3.3	3.4	3.3	3.4	3.3	3.5	3.4	3.5
28	3.4	3.5	3.4	3.5	3.4	3.6	3.5	3.6	3.5	3.6
29	3.5	3.6	3.5	3.7	3.6	3.7	3.6	3.7	3.6	3.7
30	3.6	3.8	3.7	3.8	3.7	3.8	3.7	3.9	3.7	3.9
31	3.7	3.9	3.8	3.9	3.8	4.0	3.8	4.0	3.9	4.0
32	3.9	4.0	3.9	4.1	3.9	4.1	3.9	4.1	4.0	4.2
33	4.0	4.2	4.0	4.2	4.0	4.2	4.1	4.3	4.1	4.3
34	4.1	4.3	4.1	4.3	4.2	4.4	4.2	4.4	4.2	4.4
35	4.2	4.4	4.2	4.5	4.3	4.5	4.3	4.5	4.3	4.6
36	4.3	4.6	4.4	4.6	4.4	4.6	4.4	4.7	4.5	4.7
37	4.4	4.7	4.5	4.7	4.5	4.8	4.6	4.8	4.6	4.8
38	4.6	4.8	4.6	4.8	4.6	4.9	4.7	4.9	4.7	5.0
39	4.7	4.9	4.7	5.0	4.8	5.0	4.8	5.1	4.8	5.1
40	4.8	5.1	4.8	5.1	4.9	5.2	4.9	5.2	4.9	5.2

— 18°

	12″.3		12″.4		12″.5		12″.6		12″.7	
	+	−	+	−	+	−	+	−	+	−
′	″	″	″	″	″	″	″	″	″	″
41	4.9	5.2	4.9	5.3	5.0	5.3	5.0	5.3	5.1	5.4
42	5.0	5.3	5.1	5.4	5.1	5.4	5.2	5.5	5.2	5.5
43	5.1	5.4	5.2	5.5	5.2	5.6	5.3	5.6	5.3	5.6
44	5.2	5.6	5.3	5.6	5.3	5.7	5.4	5.7	5.4	5.8
45	5.4	5.7	5.4	5.8	5.5	5.8	5.5	5.9	5.5	5.9
46	5.5	5.9	5.5	5.9	5.6	6.0	5.6	6.0	5.7	6.0
47	5.6	6.0	5.6	6.0	5.7	6.1	5.8	6.2	5.8	6.2
48	5.7	6.1	5.8	6.2	5.8	6.2	5.9	6.3	5.9	6.3
49	5.8	6.3	5.9	6.3	5.9	6.4	6.0	6.4	6.0	6.5
50	5.9	6.4	6.0	6.4	6.0	6.5	6.1	6.5	6.1	6.6
51	6.1	6.5	6.1	6.6	6.2	6.6	6.2	6.7	6.3	6.7
52	6.2	6.7	6.2	6.7	6.3	6.8	6.3	6.8	6.4	6.9
53	6.3	6.8	6.3	6.8	6.4	6.9	6.4	7.0	6.5	7.0
54	6.4	6.9	6.5	7.0	6.5	7.0	6.6	7.1	6.6	7.1
55	6.5	7.1	6.6	7.1	6.6	7.2	6.7	7.2	6.7	7.2
56	6.6	7.2	6.7	7.2	6.7	7.3	6.8	7.4	6.8	7.4
57	6.7	7.3	6.8	7.4	6.9	7.4	6.9	7.5	7.0	7.6
58	6.9	7.5	6.9	7.5	7.0	7.6	7.0	7.7	7.1	7.7
59	7.0	7.6	7.0	7.7	7.1	7.7	7.1	7.8	7.2	7.8
60	7.1	7.7	7.1	7.8	7.2	7.9	7.3	7.9	7.3	8.0
61	7.2	7.9	7.2	7.9	7.3	8.0	7.4	8.1	7.4	8.1
62	7.3	8.0	7.4	8.1	7.4	8.1	7.5	8.2	7.6	8.3
63	7.4	8.1	7.5	8.2	7.5	8.3	7.6	8.3	7.7	8.4
64	7.5	8.3	7.6	8.3	7.7	8.4	7.7	8.5	7.8	8.5
65	7.6	8.4	7.7	8.5	7.8	8.5	7.8	8.6	7.9	8.7
66	7.8	8.6	7.8	8.6	7.9	8.7	8.0	8.8	8.0	8.8
67	7.9	8.7	7.9	8.8	8.0	8.8	8.1	8.9	8.1	9.0
68	8.0	8.8	8.0	8.9	8.1	9.0	8.2	9.0	8.2	9.1
69	8.1	9.0	8.2	9.0	8.2	9.1	8.3	9.2	8.4	9.2
70	8.2	9.1	8.3	9.2	8.3	9.2	8.4	9.3	8.5	9.4
71	8.3	9.2	8.4	9.3	8.5	9.4	8.5	9.5	8.6	9.5
72	8.4	9.4	8.5	9.4	8.6	9.5	8.6	9.6	8.7	9.7
73	8.5	9.5	8.6	9.6	8.7	9.7	8.7	9.7	8.8	9.8
74	8.6	9.7	8.7	9.7	8.8	9.8	8.9	9.9	8.9	9.9
75	8.7	9.8	8.8	9.9	8.9	9.9	9.0	10.0	9.0	10.1
76	8.9	9.9	8.9	10.0	9.0	10.1	9.1	10.2	9.2	10.2
77	9.0	10.1	9.0	10.1	9.1	10.2	9.2	10.3	9.3	10.4
78	9.1	10.2	9.1	10.3	9.2	10.4	9.3	10.4	9.4	10.5
79	9.2	10.3	9.3	10.4	9.3	10.5	9.4	10.6	9.5	10.7
80	9.3	10.5	9.4	10.6	9.4	10.6	9.5	10.7	9.6	10.8

— 18°

	12″.8		12″.9		13″.0		13″.1		13″.2	
	+	−	+	−	+	−	+	−	+	−
′	″	″	″	″	″	″	″	″	″	″
1	0.1	0.1	0.1	0.1	0.1	0.1	0.1	0.1	0.1	0.1
2	0.3	0.3	0.3	0.3	0.3	0.3	0.3	0.3	0.3	0.3
3	0.4	0.4	0.4	0.4	0.4	0.4	0.4	0.4	0.4	0.4
4	0.5	0.5	0.5	0.5	0.5	0.5	0.5	0.5	0.5	0.5
5	0.6	0.6	0.6	0.6	0.6	0.7	0.6	0.7	0.7	0.7
6	0.8	0.8	0.8	0.8	0.8	0.8	0.8	0.8	0.8	0.8
7	0.9	0.9	0.9	0.9	0.9	0.9	0.9	0.9	0.9	0.9
8	1.0	1.0	1.0	1.0	1.0	1.0	1.0	1.1	1.0	1.1
9	1.1	1.2	1.1	1.2	1.2	1.2	1.2	1.2	1.2	1.2
10	1.3	1.3	1.3	1.3	1.3	1.3	1.3	1.3	1.3	1.3
11	1.4	1.4	1.4	1.4	1.4	1.4	1.4	1.4	1.4	1.5
12	1.5	1.5	1.5	1.6	1.5	1.6	1.6	1.6	1.6	1.6
13	1.6	1.7	1.7	1.7	1.7	1.7	1.7	1.7	1.7	1.7
14	1.8	1.8	1.8	1.8	1.8	1.8	1.8	1.9	1.8	1.9
15	1.9	1.9	1.9	2.0	1.9	2.0	1.9	2.0	2.0	2.0
16	2.0	2.1	2.0	2.1	2.1	2.1	2.1	2.1	2.1	2.1
17	2.2	2.2	2.1	2.2	2.2	2.2	2.2	2.3	2.2	2.3
18	2.3	2.3	2.3	2.4	2.3	2.4	2.3	2.4	2.4	2.4
19	2.4	2.5	2.4	2.5	2.4	2.5	2.5	2.5	2.5	2.5
20	2.5	2.6	2.5	2.6	2.6	2.6	2.6	2.7	2.6	2.7
21	2.7	2.7	2.7	2.8	2.7	2.8	2.8	2.8	2.7	2.8
22	2.8	2.9	2.8	2.9	2.8	2.9	2.9	3.0	2.9	2.9
23	2.9	3.0	2.9	3.0	2.9	3.0	3.0	3.1	3.0	3.1
24	3.0	3.1	3.1	3.2	3.1	3.2	3.1	3.2	3.1	3.2
25	3.1	3.3	3.2	3.3	3.2	3.3	3.2	3.3	3.3	3.4
26	3.3	3.4	3.3	3.4	3.3	3.4	3.4	3.5	3.4	3.5
27	3.4	3.5	3.4	3.6	3.5	3.6	3.5	3.6	3.5	3.6
28	3.5	3.7	3.5	3.7	3.6	3.7	3.6	3.7	3.6	3.8
29	3.6	3.8	3.7	3.8	3.7	3.8	3.7	3.9	3.8	3.9
30	3.8	3.9	3.8	3.9	3.8	4.0	3.9	4.0	3.9	4.0
31	3.9	4.1	3.9	4.1	4.0	4.1	4.0	4.1	4.0	4.2
32	4.0	4.2	4.0	4.2	4.1	4.3	4.1	4.3	4.1	4.3
33	4.1	4.3	4.2	4.4	4.2	4.4	4.2	4.4	4.3	4.5
34	4.3	4.5	4.3	4.5	4.3	4.5	4.4	4.6	4.4	4.6
35	4.4	4.6	4.4	4.6	4.5	4.7	4.5	4.7	4.5	4.7
36	4.5	4.7	4.5	4.8	4.6	4.8	4.6	4.8	4.6	4.9
37	4.6	4.9	4.7	4.9	4.7	4.9	4.7	5.0	4.8	5.0
38	4.7	5.0	4.8	5.0	4.8	5.1	4.9	5.1	4.9	5.2
39	4.9	5.1	4.9	5.2	4.9	5.2	5.0	5.3	5.0	5.3
40	5.0	5.3	5.0	5.3	5.1	5.4	5.1	5.4	5.1	5.4

— 18°

′	12″.8 +	12″.8 −	12″.9 +	12″.9 −	13″.0 +	13″.0 −	13″.1 +	13″.1 −	13″.2 +	13″.2 −
	″	″	″	″	″	″	″	″	″	″
41	5.1	5.4	5.1	5.5	5.2	5.5	5.2	5.5	5.3	5.6
42	5.2	5.6	5.3	5.6	5.3	5.6	5.3	5.7	5.4	5.7
43	5.4	5.7	5.4	5.7	5.4	5.8	5.5	5.8	5.5	5.9
44	5.5	5.8	5.5	5.9	5.6	5.9	5.6	6.0	5.7	6.0
45	5.6	5.9	5.6	6.0	5.7	6.0	5.7	6.1	5.8	6.1
46	5.7	6.1	5.8	6.1	5.8	6.2	5.8	6.2	5.9	6.3
47	5.8	6.2	5.9	6.3	5.9	6.3	6.0	6.4	6.0	6.4
48	5.9	6.4	6.0	6.4	6.0	6.5	6.1	6.5	6.1	6.6
49	6.1	6.5	6.1	6.6	6.2	6.6	6.2	6.7	6.3	6.7
50	6.2	6.6	6.2	6.7	6.3	6.7	6.3	6.8	6.4	6.8
51	6.3	6.8	6.4	6.8	6.4	6.9	6.5	6.9	6.5	7.0
52	6.5	7.0	6.5	7.0	6.5	7.0	6.6	7.1	6.6	7.1
53	6.6	7.1	6.6	7.1	6.7	7.2	6.7	7.2	6.8	7.3
54	6.7	7.2	6.7	7.3	6.8	7.3	6.8	7.4	6.9	7.4
55	6.8	7.3	6.8	7.4	6.9	7.4	7.0	7.5	7.0	7.6
56	6.9	7.5	7.0	7.5	7.0	7.6	7.1	7.6	7.1	7.7
57	7.0	7.6	7.1	7.7	7.1	7.7	7.2	7.8	7.2	7.8
58	7.1	7.8	7.2	7.8	7.3	7.9	7.3	7.9	7.4	8.0
59	7.3	7.9	7.3	8.0	7.4	8.0	7.4	8.1	7.5	8.1
60	7.4	8.0	7.4	8.1	7.5	8.2	7.6	8.2	7.6	8.3
61	7.5	8.2	7.6	8.2	7.6	8.3	7.7	8.4	7.7	8.4
62	7.6	8.3	7.7	8.4	7.7	8.4	7.8	8.5	7.9	8.6
63	7.7	8.5	7.8	8.5	7.9	8.6	7.9	8.6	8.0	8.7
64	7.9	8.6	7.9	8.7	8.0	8.7	8.0	8.8	8.1	8.9
65	8.0	8.7	8.0	8.8	8.1	8.9	8.2	8.9	8.2	9.0
66	8.1	8.9	8.1	8.9	8.2	9.0	8.3	9.1	8.4	9.1
67	8.2	9.0	8.3	9.1	8.3	9.2	8.4	9.2	8.5	9.3
68	8.3	9.2	8.4	9.2	8.5	9.3	8.5	9.4	8.6	9.4
69	8.4	9.3	8.5	9.4	8.6	9.4	8.6	9.5	8.7	9.6
70	8.5	9.4	8.6	9.5	8.7	9.6	8.8	9.7	8.8	9.7
71	8.7	9.6	8.7	9.7	8.8	9.7	8.9	9.8	8.9	9.9
72	8.8	9.7	8.8	9.8	8.9	9.9	9.0	9.9	9.1	10.0
73	8.9	9.9	9.0	9.9	9.0	10.0	9.1	10.1	9.2	10.2
74	9.0	10.0	9.1	10.1	9.2	10.2	9.2	10.2	9.3	10.3
75	9.1	10.1	9.2	10.2	9.3	10.3	9.3	10.4	9.4	10.5
76	9.2	10.3	9.3	10.4	9.4	10.5	9.5	10.5	9.5	10.6
77	9.3	10.5	9.4	10.5	9.5	10.6	9.6	10.7	9.7	10.8
78	9.5	10.6	9.5	10.7	9.6	10.7	9.7	10.8	9.8	10.9
79	9.6	10.7	9.7	10.8	9.7	10.9	9.8	11.0	9.9	11.1
80	9.7	10.9	9.8	11.0	9.8	11.0	9.9	11.1	10.0	11.2

	− 18°				− 20°					
	13″.3		13″.4		14″.2		14″.3		14″.4	
	+	−	+	−	+	−	+	−	+	−
′	″	″	″	″	″	″	″	″	″	″
1	0.1	0.1	0.1	0.1	0.1	0.1	0.1	0.1	0.1	0.1
2	0.3	0.3	0.3	0.3	0.3	0.3	0.3	0.3	0.3	0.3
3	0.4	0.4	0.4	0.4	0.4	0.4	0.4	0.4	0.4	0.4
4	0.5	0.5	0.5	0.5	0.6	0.6	0.6	0.6	0.6	0.6
5	0.7	0.7	0.7	0.7	0.7	0.7	0.7	0.7	0.7	0.7
6	0.8	0.8	0.8	0.8	0.8	0.9	0.9	0.9	0.9	0.9
7	0.9	0.9	0.9	0.9	1.0	1.0	1.0	1.0	1.0	1.0
8	1.1	1.1	1.1	1.1	1.1	1.2	1.1	1.2	1.1	1.2
9	1.2	1.2	1.2	1.2	1.3	1.3	1.3	1.3	1.3	1.3
10	1.3	1.3	1.3	1.4	1.4	1.4	1.4	1.5	1.4	1.5
11	1.5	1.5	1.5	1.5	1.5	1.6	1.6	1.6	1.6	1.6
12	1.6	1.6	1.6	1.6	1.7	1.7	1.7	1.7	1.7	1.8
13	1.7	1.7	1.7	1.8	1.8	1.9	1.8	1.9	1.8	1.9
14	1.8	1.9	1.9	1.9	2.0	2.0	2.0	2.0	2.0	2.1
15	2.0	2.0	2.0	2.0	2.1	2.2	2.1	2.2	2.1	2.2
16	2.1	2.2	2.1	2.2	2.2	2.3	2.3	2.3	2.3	2.3
17	2.2	2.3	2.3	2.3	2.4	2.4	2.4	2.5	2.4	2.5
18	2.4	2.4	2.4	2.4	2.5	2.6	2.5	2.6	2.5	2.6
19	2.5	2.6	2.5	2.6	2.7	2.8	2.7	2.8	2.7	2.8
20	2.6	2.7	2.6	2.7	2.8	2.9	2.8	2.9	2.8	2.9
21	2.8	2.8	2.8	2.9	2.9	3.0	2.9	3.1	3.0	3.1
22	2.9	3.0	2.9	3.0	3.1	3.2	3.1	3.2	3.1	3.2
23	3.0	3.1	3.0	3.1	3.2	3.3	3.2	3.4	3.2	3.4
24	3.1	3.2	3.2	3.3	3.3	3.5	3.4	3.5	3.4	3.5
25	3.3	3.4	3.3	3.4	3.5	3.6	3.5	3.7	3.5	3.7
26	3.4	3.5	3.4	3.5	3.6	3.8	3.6	3.8	3.6	3.8
27	3.5	3.7	3.6	3.7	3.7	3.9	3.8	4.0	3.8	4.0
28	3.7	3.8	3.7	3.8	3.9	4.1	3.9	4.1	3.9	4.1
29	3.8	3.9	3.8	4.0	4.0	4.2	4.0	4.3	4.1	4.3
30	3.9	4.1	4.0	4.1	4.1	4.4	4.2	4.4	4.2	4.4
31	4.1	4.2	4.1	4.2	4.3	4.5	4.3	4.6	4.3	4.6
32	4.2	4.4	4.2	4.4	4.4	4.7	4.4	4.7	4.5	4.8
33	4.3	4.5	4.3	4.5	4.6	4.8	4.6	4.9	4.6	4.9
34	4.4	4.6	4.5	4.7	4.7	5.0	4.7	5.0	4.8	5.1
35	4.6	4.8	4.6	4.8	4.8	5.1	4.9	5.2	4.9	5.2
36	4.7	4.9	4.7	4.9	5.0	5.3	5.0	5.3	5.0	5.4
37	4.8	5.1	4.8	5.1	5.1	5.5	5.1	5.5	5.2	5.5
38	4.9	5.2	5.0	5.2	5.2	5.6	5.3	5.6	5.3	5.7
39	5.1	5.3	5.1	5.4	5.4	5.8	5.4	5.8	5.4	5.8
40	5.2	5.5	5.2	5.5	5.5	5.9	5.5	5.9	5.6	6.0

	− 18°				− 20°					
	13″.3		13″.4		14″.2		14″.3		14″.4	
′	+ ″	− ″	+ ″	− ″	+ ″	− ″	+ ″	− ″	+ ″	− ″
41	5.3	5.6	5.4	5.7	5.6	6.1	5.7	6.1	5.7	6.1
42	5.4	5.8	5.5	5.8	5.8	6.2	5.8	6.3	5.8	6.3
43	5.6	5.9	5.6	5.9	5.9	6.4	5.9	6.4	6.0	6.5
44	5.7	6.0	5.7	6.1	6.0	6.5	6.1	6.6	6.1	6.6
45	5.8	6.2	5.9	6.2	6.2	6.7	6.2	6.7	6.2	6.8
46	5.9	6.3	6.0	6.4	6.3	6.8	6.3	6.9	6.4	6.9
47	6.1	6.5	6.1	6.5	6.4	7.0	6.5	7.0	6.5	7.1
48	6.2	6.6	6.2	6.7	6.5	7.1	6.6	7.2	6.6	7.2
49	6.3	6.8	6.4	6.8	6.7	7.3	6.7	7.3	6.8	7.4
50	6.4	6.9	6.5	6.9	6.8	7.5	6.9	7.5	6.9	7.5
51	6.6	7.0	6.6	7.1	6.9	7.6	7.0	7.7	7.0	7.7
52	6.7	7.2	6.7	7.2	7.1	7.8	7.1	7.8	7.2	7.9
53	6.8	7.3	6.9	7.4	7.2	7.9	7.3	8.0	7.3	8.0
54	6.9	7.5	7.0	7.5	7.3	8.1	7.4	8.1	7.4	8.2
55	7.1	7.6	7.1	7.7	7.5	8.2	7.5	8.3	7.6	8.3
56	7.2	7.8	7.2	7.8	7.6	8.4	7.6	8.4	7.7	8.5
57	7.3	7.9	7.4	8.0	7.7	8.5	7.8	8.6	7.8	8.7
58	7.4	8.1	7.5	8.1	7.9	8.7	7.9	8.8	8.0	8.8
59	7.6	8.2	7.6	8.3	8.0	8.9	8.0	8.9	8.1	9.0
60	7.7	8.3	7.7	8.4	8.1	9.0	8.2	9.1	8.2	9.1
61	7.8	8.5	7.9	8.5	8.2	9.2	8.3	9.2	8.4	9.3
62	7.9	8.6	8.0	8.7	8.4	9.3	8.4	9.4	8.5	9.5
63	8.0	8.8	8.1	8.8	8.5	9.5	8.6	9.6	8.6	9.6
64	8.2	8.9	8.2	9.0	8.6	9.7	8.7	9.7	8.7	9.8
65	8.3	9.1	8.4	9.1	8.7	9.8	8.8	9.9	8.9	9.9
66	8.4	9.2	8.5	9.3	8.9	10.0	8.9	10.0	9.0	10.1
67	8.5	9.4	8.6	9.4	9.0	10.1	9.1	10.2	9.1	10.3
68	8.6	9.5	8.7	9.6	9.1	10.3	9.2	10.4	9.3	10.4
69	8.8	9.7	8.8	9.7	9.3	10.5	9.3	10.5	9.4	10.6
70	8.9	9.8	9.0	9.9	9.4	10.6	9.4	10.7	9.5	10.7
71	9.0	9.9	9.1	10.0	9.5	10.8	9.6	10.8	9.6	10.9
72	9.1	10.1	9.2	10.2	9.6	10.9	9.7	11.0	9.8	11.1
73	9.3	10.2	9.3	10.3	9.8	11.1	9.8	11.2	9.9	11.2
74	9.4	10.4	9.5	10.5	9.9	11.3	10.0	11.3	10.0	11.4
75	9.5	10.5	9.6	10.6	10.0	11.4	10.1	11.5	10.2	11.6
76	9.6	10.7	9.7	10.8	10.2	11.6	10.2	11.7	10.3	11.7
77	9.7	10.8	9.8	10.9	10.3	11.7	10.3	11.8	10.4	11.9
78	9.9	11.0	9.9	11.1	10.4	11.9	10.5	12.0	10.5	12.1
79	10.0	11.1	10.0	11.2	10.5	12.1	10.6	12.2	10.7	12.2
80	10.1	11.3	10.2	11.4	10.6	12.2	10.7	12.3	10.8	12.4

	— 20°									
	14″.5		14″.6		14″.7		14″.8		14″.9	
	+	—	+	—	+	—	+	—	+	—
′	″	″	″	″	″	″	″	″	″	″
1	0.1	0.1	0.1	0.1	0.1	0.1	0.1	0.1	0.1	0.1
2	0.3	0.3	0.3	0.3	0.3	0.3	0.3	0.3	0.3	0.3
3	0.4	0.4	0.4	0.4	0.4	0.4	0.4	0.4	0.4	0.4
4	0.6	0.6	0.6	0.6	0.6	0.6	0.6	0.6	0.6	0.6
5	0.7	0.7	0.7	0.7	0.7	0.7	0.7	0.7	0.7	0.7
6	0.9	0.9	0.9	0.9	0.9	0.9	0.9	0.9	0.9	0.9
7	1.0	1.0	1.0	1.0	1.0	1.0	1.0	1.0	1.0	1.0
8	1.2	1.2	1.2	1.2	1.2	1.2	1.2	1.2	1.2	1.2
9	1.3	1.3	1.3	1.3	1.3	1.3	1.3	1.4	1.3	1.4
10	1.4	1.5	1.4	1.5	1.5	1.5	1.5	1.5	1.5	1.5
11	1.6	1.6	1.6	1.6	1.6	1.6	1.6	1.6	1.6	1.7
12	1.7	1.8	1.7	1.8	1.7	1.8	1.8	1.8	1.8	1.8
13	1.9	1.9	1.9	1.9	1.9	1.9	1.9	1.9	1.9	2.0
14	2.0	2.1	2.0	2.1	2.0	2.1	2.0	2.1	2.1	2.1
15	2.1	2.2	2.2	2.2	2.2	2.2	2.2	2.3	2.2	2.3
16	2.3	2.4	2.3	2.4	2.3	2.4	2.3	2.4	2.4	2.4
17	2.4	2.5	2.4	2.5	2.5	2.5	2.5	2.6	2.5	2.6
18	2.6	2.7	2.6	2.7	2.6	2.7	2.6	2.7	2.6	2.7
19	2.7	2.8	2.7	2.8	2.7	2.8	2.8	2.9	2.8	2.9
20	2.9	3.0	2.9	3.0	2.9	3.0	2.9	3.0	2.9	3.0
21	3.0	3.1	3.0	3.1	3.0	3.1	3.1	3.2	3.1	3.2
22	3.1	3.3	3.2	3.3	3.2	3.3	3.2	3.3	3.2	3.3
23	3.3	3.4	3.3	3.4	3.3	3.5	3.3	3.5	3.4	3.5
24	3.4	3.6	3.4	3.6	3.5	3.6	3.5	3.6	3.5	3.7
25	3.5	3.7	3.6	3.7	3.6	3.8	3.6	3.8	3.6	3.8
26	3.7	3.9	3.7	3.9	3.7	3.9	3.8	3.9	3.8	4.0
27	3.8	4.0	3.9	4.0	3.9	4.1	3.9	4.1	3.9	4.1
28	4.0	4.2	4.0	4.2	4.0	4.2	4.0	4.3	4.1	4.3
29	4.1	4.3	4.1	4.4	4.2	4.4	4.2	4.4	4.2	4.4
30	4.2	4.5	4.3	4.5	4.3	4.5	4.3	4.6	4.4	4.6
31	4.4	4.6	4.4	4.7	4.4	4.7	4.5	4.7	4.5	4.8
32	4.5	4.8	4.5	4.8	4.6	4.9	4.6	4.9	4.6	4.9
33	4.7	4.9	4.7	5.0	4.7	5.0	4.8	5.0	4.8	5.1
34	4.8	5.1	4.8	5.1	4.9	5.2	4.9	5.2	4.9	5.2
35	4.9	5.3	5.0	5.3	5.0	5.3	5.0	5.4	5.1	5.4
36	5.1	5.4	5.1	5.4	5.1	5.5	5.2	5.5	5.2	5.6
37	5.2	5.6	5.2	5.6	5.3	5.6	5.3	5.7	5.4	5.7
38	5.3	5.7	5.4	5.8	5.4	5.8	5.5	5.8	5.5	5.9
39	5.5	5.9	5.5	5.9	5.6	5.9	5.6	6.0	5.6	6.0
40	5.6	6.0	5.6	6.1	5.7	6.1	5.7	6.1	5.8	6.2

— 20°

′	14″.5 +	14″.5 −	14″.6 +	14″.6 −	14″.7 +	14″.7 −	14″.8 +	14″.8 −	14″.9 +	14″.9 −
	″	″	″	″	″	″	″	″	″	″
41	5.7	6.2	5.8	6.2	5.8	6.3	5.9	6.3	5.9	6.3
42	5.9	6.3	5.9	6.4	6.0	6.4	6.0	6.5	6.0	6.5
43	6.0	6.5	6.1	6.5	6.1	6.6	6.1	6.6	6.2	6.7
44	6.1	6.7	6.2	6.7	6.2	6.7	6.3	6.8	6.3	6.8
45	6.3	6.8	6.3	6.9	6.4	6.9	6.4	6.9	6.5	7.0
46	6.4	7.0	6.5	7.0	6.5	7.1	6.6	7.1	6.6	7.2
47	6.6	7.1	6.6	7.2	6.6	7.2	6.7	7.3	6.7	7.3
48	6.7	7.3	6.7	7.3	6.8	7.4	6.8	7.4	6.9	7.5
49	6.8	7.4	6.9	7.5	6.9	7.5	7.0	7.6	7.0	7.6
50	7.0	7.6	7.0	7.6	7.1	7.7	7.1	7.7	7.2	7.8
51	7.1	7.8	7.1	7.8	7.2	7.9	7.2	7.9	7.3	8.0
52	7.2	7.9	7.3	8.0	7.3	8.0	7.4	8.1	7.4	8.1
53	7.4	8.1	7.4	8.1	7.5	8.2	7.5	8.2	7.6	8.3
54	7.5	8.2	7.5	8.3	7.6	8.3	7.7	8.4	7.7	8.5
55	7.6	8.4	7.7	8.5	7.7	8.5	7.8	8.6	7.8	8.6
56	7.8	8.6	7.8	8.6	7.9	8.7	7.9	8.7	8.0	8.8
57	7.9	8.7	8.0	8.8	8.0	8.8	8.1	8.9	8.1	8.9
58	8.0	8.9	8.1	8.9	8.1	9.0	8.2	9.0	8.3	9.1
59	8.2	9.0	8.2	9.1	8.3	9.2	8.3	9.2	8.4	9.3
60	8.3	9.2	8.3	9.3	8.4	9.3	8.5	9.4	8.5	9.4
61	8.4	9.4	8.5	9.4	8.5	9.5	8.6	9.5	8.7	9.6
62	8.6	9.5	8.6	9.6	8.7	9.6	8.7	9.7	8.8	9.8
63	8.7	9.7	8.7	9.7	8.8	9.8	8.9	9.9	8.9	9.9
64	8.8	9.8	8.9	9.9	8.9	10.0	9.0	10.0	9.1	10.1
65	8.9	10.0	9.0	10.1	9.1	10.1	9.1	10.2	9.2	10.3
66	9.1	10.2	9.1	10.2	9.2	10.3	9.3	10.4	9.3	10.4
67	9.2	10.3	9.3	10.4	9.3	10.5	9.4	10.5	9.5	10.6
68	9.3	10.5	9.4	10.6	9.5	10.6	9.5	10.7	9.6	10.8
69	9.5	10.7	9.5	10.7	9.6	10.8	9.7	10.9	9.7	10.9
70	9.6	10.8	9.7	10.9	9.7	11.0	9.8	11.0	9.9	11.1
71	9.7	11.0	9.8	11.1	9.9	11.1	9.9	11.2	10.0	11.3
72	9.9	11.2	9.9	11.2	10.0	11.3	10.1	11.4	10.1	11.4
73	10.0	11.3	10.1	11.4	10.1	11.5	10.2	11.5	10.3	11.6
74	10.1	11.5	10.2	11.6	10.3	11.6	10.3	11.7	10.4	11.8
75	10.2	11.6	10.3	11.7	10.4	11.8	10.5	11.9	10.5	11.9
76	10.4	11.8	10.4	11.9	10.5	12.0	10.6	12.0	10.7	12.1
77	10.5	12.0	10.6	12.1	10.6	12.1	10.7	12.2	10.8	12.3
78	10.6	12.1	10.7	12.2	10.8	12.3	10.9	12.4	10.9	12.5
79	10.7	12.3	10.8	12.4	10.9	12.5	11.0	12.6	11.1	12.6
80	10.9	12.5	11.0	12.6	11.0	12.6	11.1	12.7	11.2	12.8

— 20°

	15″.0		15″.1		15″.2		15″.3		15″.4	
	+	−	+	−	+	−	+	−	+	−
′	″	″	″	″	″	″	″	″	″	″
1	0.1	0.2	0.2	0.2	0.2	0.2	0.2	0.2	0.2	0.2
2	0.3	0.3	0.3	0.3	0.3	0.3	0.3	0.3	0.3	0.3
3	0.4	0.5	0.5	0.5	0.5	0.5	0.5	0.5	0.5	0.5
4	0.6	0.6	0.6	0.6	0.6	0.6	0.6	0.6	0.6	0.6
5	0.7	0.8	0.8	0.8	0.8	0.8	0.8	0.8	0.8	0.8
6	0.9	0.9	0.9	0.9	0.9	0.9	0.9	0.9	0.9	0.9
7	1.0	1.1	1.1	1.1	1.1	1.1	1.1	1.1	1.1	1.1
8	1.2	1.2	1.2	1.2	1.2	1.2	1.2	1.2	1.2	1.2
9	1.3	1.4	1.4	1.4	1.4	1.4	1.4	1.4	1.4	1.4
10	1.5	1.5	1.5	1.5	1.5	1.5	1.5	1.5	1.5	1.6
11	1.6	1.7	1.6	1.7	1.7	1.7	1.7	1.7	1.7	1.7
12	1.8	1.8	1.8	1.8	1.8	1.9	1.8	1.9	1.8	1.9
13	1.9	2.0	1.9	2.0	2.9	2.0	2.0	2.0	2.0	2.0
14	2.1	2.1	2.1	2.1	2.1	2.2	2.1	2.2	2.1	2.2
15	2.2	2.3	2.2	2.3	2.3	2.3	2.3	2.3	2.3	2.3
16	2.4	2.4	2.4	2.5	2.4	2.5	2.4	2.5	2.4	2.5
17	2.5	2.6	2.5	2.6	2.5	2.6	2.6	2.6	2.6	2.7
18	2.7	2.7	2.7	2.8	2.7	2.8	2.7	2.8	2.7	2.8
19	2.8	2.9	2.8	2.9	2.8	2.9	2.9	3.0	2.9	3.0
20	3.0	3.1	3.0	3.1	3.0	3.1	3.0	3.1	3.0	3.1
21	3.1	3.2	3.1	3.2	3.1	3.3	3.2	3.3	3.2	3.3
22	3.2	3.4	3.3	3.4	3.3	3.4	3.3	3.4	3.3	3.5
23	3.4	3.5	3.4	3.5	3.4	3.6	3.5	3.6	3.5	3.6
24	3.5	3.7	3.5	3.7	3.6	3.7	3.6	3.8	3.6	3.8
25	3.7	3.8	3.7	3.9	3.7	3.9	3.7	3.9	3.8	3.9
26	3.8	4.0	3.8	4.0	3.9	4.1	3.9	4.1	3.9	4.1
27	4.0	4.2	4.0	4.2	4.0	4.2	4.0	4.2	4.1	4.3
28	4.1	4.3	4.1	4.3	4.2	4.4	4.2	4.4	4.2	4.4
29	4.3	4.5	4.3	4.5	4.3	4.5	4.3	4.6	4.4	4.6
30	4.4	4.6	4.4	4.7	4.4	4.7	4.5	4.7	4.5	4.7
31	4.5	4.8	4.6	4.8	4.6	4.9	4.6	4.9	4.7	4.9
32	4.7	4.9	4.7	5.0	4.7	5.0	4.8	5.0	4.8	5.1
33	4.8	5.1	4.9	5.1	4.9	5.2	4.9	5.2	5.0	5.2
34	5.0	5.3	5.0	5.3	5.0	5.3	5.1	5.4	5.1	5.4
35	5.1	5.4	5.1	5.5	5.2	5.5	5.2	5.5	5.2	5.6
36	5.2	5.6	5.3	5.6	5.3	5.7	5.3	5.7	5.4	5.7
37	5.4	5.7	5.4	5.8	5.5	5.8	5.5	5.9	5.5	5.9
38	5.5	5.9	5.6	5.9	5.6	6.0	5.6	6.0	5.7	6.1
39	5.7	6.1	5.7	6.1	5.7	6.1	5.8	6.2	5.8	6.2
40	5.8	6.2	5.8	6.3	5.9	6.3	5.9	6.3	6.0	6.4

	15″.0		15″.1		15″.2		15″.3		15″.4	
— 20°	+	−	+	−	+	−	+	−	+	−
′	″	″	″	″	″	″	″	″	″	″
41	6.0	6.4	6.0	6.4	6.0	6.5	6.1	6.5	6.1	6.6
42	6.1	6.5	6.1	6.6	6.2	6.6	6.2	6.7	6.3	6.7
43	6.2	6.7	6.3	6.8	6.3	6.8	6.4	6.8	6.4	6.9
44	6.4	6.9	6.4	6.9	6.5	7.0	6.5	7.0	6.5	7.0
45	6.5	7.0	6.6	7.1	6.6	7.1	6.6	7.2	6.7	7.2
46	6.6	7.2	6.7	7.2	6.7	7.3	6.8	7.3	6.8	7.4
47	6.8	7.4	6.8	7.4	6.9	7.5	6.9	7.5	7.0	7.5
48	6.9	7.5	7.0	7.6	7.0	7.6	7.1	7.7	7.1	7.7
49	7.1	7.7	7.1	7.7	7.2	7.8	7.2	7.8	7.3	7.9
50	7.2	7.8	7.3	7.9	7.3	7.9	7.4	8.0	7.4	8.0
51	7.3	8.0	7.4	8.1	7.5	8.1	7.5	8.2	7.6	8.2
52	7.5	8.2	7.5	8.2	7.6	8.3	7.6	8.3	7.7	8.4
53	7.6	8.3	7.7	8.4	7.7	8.4	7.8	8.5	7.8	8.6
54	7.8	8.5	7.8	8.6	7.9	8.6	7.9	8.7	8.0	8.7
55	7.9	8.7	8.0	8.7	8.0	8.8	8.1	8.8	8.1	8.9
56	8.0	8.8	8.1	8.9	8.2	9.0	8.2	9.0	8.3	9.1
57	8.2	9.0	8.2	9.1	8.3	9.1	8.3	9.2	8.4	9.2
58	8.3	9.2	8.3	9.2	8.4	9.3	8.5	9.3	8.6	9.4
59	8.4	9.3	8.5	9.4	8.6	9.4	8.6	9.5	8.7	9.6
60	8.6	9.5	8.6	9.6	8.7	9.6	8.8	9.7	8.8	9.7
61	8.7	9.7	8.8	9.7	8.9	9.8	8.9	9.8	9.0	9.9
62	8.9	9.8	8.9	9.9	9.0	10.0	9.1	10.0	9.1	10.1
63	9.0	10.0	9.1	10.1	9.1	10.1	9.2	10.2	9.3	10.2
64	9.1	10.2	9.2	10.2	9.3	10.3	9.3	10.4	9.4	10.4
65	9.3	10.3	9.3	10.4	9.4	10.5	9.5	10.5	9.5	10.6
66	9.4	10.5	9.5	10.6	9.5	10.6	9.6	10.7	9.7	10.8
67	9.5	10.7	9.6	10.7	9.7	10.8	9.7	10.9	9.8	10.9
68	9.7	10.8	9.7	10.9	9.8	11.0	9.9	11.0	9.9	11.1
69	9.8	11.0	9.9	11.1	9.9	11.1	10.0	11.2	10.1	11.3
70	9.9	11.2	10.0	11.2	10.1	11.3	10.2	11.4	10.2	11.5
71	10.1	11.3	10.2	11.4	10.2	11.5	10.3	11.6	10.4	11.6
72	10.2	11.5	10.3	11.6	10.4	11.7	10.4	11.7	10.5	11.8
73	10.3	11.7	10.4	11.8	10.5	11.8	10.6	11.9	10.6	12.0
74	10.5	11.8	10.6	11.9	10.6	12.0	10.7	12.1	10.8	12.1
75	10.6	12.0	10.7	12.1	10.8	12.2	10.8	12.2	10.9	12.3
76	10.7	12.2	11.8	12.3	10.9	12.3	11.0	12.4	11.1	12.5
77	10.9	12.4	11.0	12.4	11.0	12.5	11.1	12.6	11.2	12.7
78	11.0	12.5	11.1	12.6	11.2	12.7	11.2	12.8	11.3	12.8
79	11.1	12.7	11.2	12.8	11.3	12.9	11.4	12.9	11.5	13.0
80	11.3	12.9	11.4	13.0	11.4	13.0	11.5	13.1	11.6	13.2

— 20°

	15″.5		15″.6		15″.7		15″.8		15″.9	
	+	−	+	−	+	−	+	−	+	−
′	″	″	″	″	″	″	″	″	″	″
1	0.2	0.2	0.2	0.2	0.2	0.2	0.2	0.2	0.2	0.2
2	0.3	0.3	0.3	0.3	0.3	0.3	0.3	0.3	0.3	0.3
3	0.5	0.5	0.5	0.5	0.5	0.5	0.5	0.5	0.5	0.5
4	0.6	0.6	0.6	0.6	0.6	0.6	0.6	0.6	0.6	0.6
5	0.8	0.8	0.8	0.8	0.8	0.8	0.8	0.8	0.8	0.8
6	0.9	0.9	0.9	0.9	0.9	0.9	0.9	1.0	0.9	1.0
7	1.1	1.1	1.1	1.1	1.1	1.1	1.1	1.1	1.1	1.1
8	1.2	1.3	1.2	1.3	1.2	1.3	1.3	1.3	1.3	1.3
9	1.4	1.4	1.4	1.4	1.4	1.4	1.4	1.4	1.4	1.4
10	1.5	1.6	1.5	1.6	1.6	1.6	1.6	1.6	1.6	1.6
11	1.7	1.7	1.7	1.7	1.7	1.7	1.7	1.8	1.7	1.8
12	1.8	1.9	1.9	1.9	1.9	1.9	1.9	1.9	1.9	1.9
13	2.0	2.0	2.0	2.1	2.0	2.1	2.0	2.1	2.0	2.1
14	2.1	2.2	2.2	2.2	2.2	2.2	2.2	2.2	2.2	2.3
15	2.3	2.4	2.3	2.4	2.3	2.4	2.3	2.4	2.4	2.4
16	2.4	2.5	2.5	2.5	2.5	2.6	2.5	2.6	2.5	2.6
17	2.6	2.7	2.6	2.7	2.6	2.7	2.7	2.7	2.7	2.7
18	2.7	2.8	2.8	2.9	2.8	2.9	2.8	2.9	2.8	2.9
19	2.9	3.0	2.9	3.0	2.9	3.0	3.0	3.1	3.0	3.1
20	3.1	3.2	3.1	3.2	3.1	3.2	3.1	3.2	3.1	3.2
21	3.2	3.3	3.2	3.3	3.2	3.4	3.3	3.4	3.3	3.4
22	3.3	3.5	3.4	3.5	3.4	3.5	3.4	3.5	3.4	3.6
23	3.5	3.6	3.5	3.7	3.5	3.7	3.6	3.7	3.6	3.7
24	3.6	3.8	3.7	3.8	3.7	3.9	3.7	3.9	3.7	3.9
25	3.8	4.0	3.8	4.0	3.8	4.0	3.9	4.0	3.9	4.1
26	3.9	4.1	4.0	4.2	4.0	4.2	4.0	4.2	4.1	4.2
27	4.1	4.3	4.1	4.3	4.2	4.3	4.2	4.4	4.2	4.4
28	4.2	4.4	4.3	4.5	4.3	4.5	4.3	4.5	4.4	4.6
29	4.4	4.6	4.4	4.6	4.5	4.7	4.5	4.7	4.5	4.7
30	4.5	4.8	4.6	4.8	4.6	4.8	4.6	4.9	4.7	4.9
31	4.7	4.9	4.7	5.0	4.7	5.0	4.8	5.0	4.8	5.1
32	4.8	5.1	4.9	5.1	4.9	5.2	4.9	5.2	5.0	5.2
33	5.0	5.2	5.0	5.3	5.0	5.3	5.1	5.4	5.1	5.4
34	5.1	5.4	5.2	5.5	5.2	5.5	5.2	5.5	5.3	5.6
35	5.3	5.6	5.3	5.6	5.3	5.7	5.4	5.7	5.4	5.7
36	5.4	5.8	5.5	5.8	5.5	5.8	5.5	5.9	5.6	5.9
37	5.6	5.9	5.6	6.0	5.6	6.0	5.7	6.0	5.7	6.1
38	5.7	6.1	5.8	6.1	5.8	6.2	5.8	6.2	5.9	6.2
39	5.9	6.3	5.9	6.3	5.9	6.3	6.0	6.4	6.0	6.4
40	6.0	6.4	6.0	6.5	6.1	6.5	6.1	6.5	6.1	6.6

— 20°

′	15″.5 +	15″.5 −	15″.6 +	15″.6 −	15″.7 +	15″.7 −	15″.8 +	15″.8 −	15″.9 +	15″.9 −
41	6.2	6.6	6.2	6.6	6.2	6.7	6.3	6.7	6.3	6.8
42	6.3	6.8	6.3	6.8	6.4	6.8	6.4	6.9	6.5	6.9
43	6.4	6.9	6.5	7.0	6.5	7.0	6.6	7.1	6.6	7.1
44	6.6	7.1	6.6	7.1	6.7	7.2	6.7	7.2	6.8	7.3
45	6.7	7.3	6.8	7.3	6.8	7.4	6.9	7.4	6.9	7.4
46	6.9	7.4	6.9	7.5	7.0	7.5	7.0	7.6	7.1	7.6
47	7.0	7.6	7.1	7.6	7.1	7.7	7.2	7.7	7.2	7.8
48	7.2	7.8	7.2	7.8	7.3	7.9	7.3	7.9	7.4	7.9
49	7.3	7.9	7.4	8.0	7.4	8.0	7.5	8.1	7.5	8.1
50	7.5	8.1	7.5	8.1	7.6	8.2	7.6	8.2	7.7	8.3
51	7.6	8.3	7.7	8.3	7.7	8.4	7.8	8.4	7.8	8.5
52	7.7	8.4	7.8	8.5	7.9	8.5	7.9	8.6	8.0	8.6
53	7.9	8.6	8.0	8.7	8.0	8.7	8.1	8.8	8.1	8.8
54	8.0	8.8	8.1	8.8	8.1	8.9	8.2	8.9	8.3	9.0
55	8.2	8.9	8.2	9.0	8.3	9.1	8.3	9 1	8.4	9.2
56	8.3	9.1	8.4	9.2	8.4	9.2	8.5	9.3	8.5	9.3
57	8.5	9.3	8.5	9.3	8.6	9.4	8.6	9.5	8.7	9.5
58	8.6	9.5	8.7	9.5	8.7	9.6	8.8	9.6	8.8	9.7
59	8.7	9.6	8.8	9.7	8.9	9.7	8.9	9.8	9.0	9.9
60	8.9	9.8	9.0	9.9	9.0	9.9	9.1	10.0	9.1	10.0
61	9.0	10.0	6.1	10.0	9.2	10.1	9.2	10.2	9.3	10.2
62	9.2	10.1	9.2	10.2	9.3	10.3	9.4	10.3	9.4	10.4
63	9.3	10.3	9.4	10.4	9.4	10.4	9.5	10.5	9.6	10.6
64	9.5	10.5	9.5	10.5	9.6	10.6	9.6	10.7	9.7	10.7
65	9.6	10.7	9.7	10.7	9.7	10.8	9.8	10.8	9.9	10.9
66	9.7	10.8	9.8	10.9	9.9	11.0	9.9	11.0	10.0	11.1
67	9.9	11.0	9.9	11.1	10.0	11.1	10.1	11.2	10.1	11.3
68	10.0	11.2	10.1	11.2	10.2	11.3	10.2	11.4	10.3	11.4
69	10.1	11.3	10.2	11.4	10.3	11.5	10.4	11.5	10.4	11.6
70	10.3	11.5	10.4	11.6	10.4	11.7	10.5	11.7	10.6	11.8
71	10.4	11.7	10.5	11.8	10.6	11.8	10.6	11.9	10.7	12.0
72	10.6	11.9	10.6	11.9	10.7	12.0	10.8	12.1	10.9	12.2
73	10.7	12.0	10.8	12.1	10.8	12.2	10.9	12.3	11.0	12.3
74	10.8	12.2	10.9	12.3	11.0	12.4	11.1	12.4	11.1	12.5
75	11.0	12.4	11.1	12.5	11.1	12.5	11.2	12.6	11.3	12.7
76	11.1	12.6	11.2	12.6	11.3	12.7	11.4	12.8	11.4	12.9
77	11.3	12.7	11.3	12.8	11.4	12.9	11.5	13.0	11.6	13.1
78	11.4	12.9	11.5	13.0	11.6	13.1	11.6	13.2	11.7	13.2
79	11.5	13.1	11.6	13.2	11.7	13.3	11.8	13.3	11.9	13.4
80	11.7	13.3	11.8	13.4	11.8	13.4	11.9	13.5	12.0	13.6

	− 20°				− 22°					
	16″.0		16″.1		17″.1		17″.2		17″.3	
	+	−	+	−	+	−	+	−	+	−
′	″	″	″	″	″	″	″	″	″	″
1	0.2	0.2	0.2	0.2	0.2	0.2	0.2	0.2	0.2	0.2
2	0.3	0.3	0.3	0.3	0.3	0.3	0.3	0.3	0.3	0.3
3	0.5	0.5	0.5	0.5	0.5	0.5	0.5	0.5	0.5	0.5
4	0.6	0.6	0.6	0.7	0.7	0.7	0.7	0.7	0.7	0.7
5	0.8	0.8	0.8	0.8	0.8	0.9	0.9	0.9	0.9	0.9
6	1.0	1.0	1.0	1.0	1.0	1.0	1.0	1.0	1.0	1.0
7	1.1	1.1	1.1	1.1	1.2	1.2	1.2	1.2	1.2	1.2
8	1.3	1.3	1.3	1.3	1.4	1.4	1.4	1.4	1.4	1.4
9	1.4	1.5	1.4	1.5	1.5	1.6	1.5	1.6	1.5	1.6
10	1.6	1.6	1.6	1.6	1.7	1.7	1.7	1.7	1.7	1.8
11	1.8	1.8	1.8	1.8	1.9	1.9	1.9	1.9	1.9	1.9
12	1.9	1.9	1.9	2.0	2.0	2.1	2.0	2.1	2.1	2.1
13	2.1	2.1	2.1	2.1	2.2	2.3	2.2	2.3	2.2	2.3
14	2.2	2.3	2.2	2.3	2.4	2.4	2.4	2.5	2.4	2.5
15	2.4	2.4	2.4	2.5	2.5	2.6	2.6	2.6	2.6	2.7
16	2.5	2.6	2.5	2.6	2.7	2.8	2.7	2.8	2.7	2.8
17	2.7	2.8	2.7	2.8	2.9	3.0	2.9	3.0	2.9	3.0
18	2.8	2.9	2.9	2.9	3.0	3.1	3.1	3.2	3.1	3.2
19	3.0	3.1	3.0	3.1	3.2	3.3	3.2	3.3	3.2	3.4
20	3.2	3.3	3.2	3.3	3.4	3.5	3.4	3.5	3.4	3.5
21	3.3	3.4	3.3	3.4	3.5	3.7	3.6	3.7	3.6	3.7
22	3.5	3.6	3.5	3.6	3.7	3.9	3.7	3.9	3.7	3.9
23	3.6	3.8	3.6	3.8	3.9	4.0	3.9	4.1	3.9	4.1
24	3.8	3.9	3.8	3.9	4.0	4.2	4.0	4.2	4.1	4.3
25	3.9	4.1	3.9	4.1	4.2	4.4	4.2	4.4	4.2	4.5
26	4.1	4.3	4.1	4.3	4.4	4.6	4.4	4.6	4.4	4.6
27	4.2	4.4	4.3	4.5	4.5	4.8	4.5	4.8	4.6	4.8
28	4.4	4.6	4.4	4.6	4.7	4.9	4.7	5.0	4.7	5.0
29	4.5	4.8	4.6	4.8	4.8	5.1	4.9	5.2	4.9	5.2
30	4.7	4.9	4.7	5.0	5.0	5.3	5.0	5.3	5.1	5.4
31	4.8	5.1	4.9	5.1	5.2	5.5	5.2	5.5	5.2	5.6
32	5.0	5.3	5.0	5.3	5.3	5.7	5.4	5.7	5.4	5.7
33	5.1	5.5	5.2	5.5	5.5	5.9	5.5	5.9	5.5	5.9
34	5.3	5.6	5.3	5.6	5.6	6.0	5.7	6.1	5.7	6.1
35	5.4	5.8	5.5	5.8	5.8	6.2	5.8	6.3	5.9	6.3
36	5.6	5.9	5.6	6.0	6.0	6.4	6.0	6.4	6.0	6.5
37	5.8	6.1	5.8	6.2	6.1	6.6	6.2	6.6	6.2	6.7
38	5.9	6.3	5.9	6.3	6.3	6.8	6.3	6.8	6.4	6.9
39	6.1	6.5	6.1	6.5	6.4	7.0	6.5	7.0	6.5	7.0
40	6.2	6.6	6.2	6.7	6.6	7.1	6.6	7.2	6.7	7.2

	− 20°				− 22°					
	16″.0		16″.1		17″.1		17″.2		17″.3	
′	+	−	+	−	+	−	+	−	+	−
	″	″	″	″	″	″	″	″	″	″
41	6.4	6.8	6.4	6.8	6.8	7.3	6.8	7.4	6.8	7.4
42	6.5	7.0	6.6	7.0	6.9	7.5	7.0	7.6	7.0	7.6
43	6.7	7.1	6.7	7.2	7.1	7.7	7.1	7.8	7.2	7.8
44	6.8	7.3	6.9	7.4	7.2	7.9	7.3	7.9	7.3	8.0
45	7.0	7.5	7.0	7.5	7.4	8.1	7.4	8.1	7.5	8.2
46	7.1	7.7	7.2	7.7	7.5	8.3	7.6	8.3	7.6	8.4
47	7.3	7.8	7.3	7.9	7.7	8.5	7.7	8.5	7.8	8.6
48	7.4	8.0	7.5	8.0	7.9	8.6	7.9	8.7	8.0	8.8
49	7.6	8.2	7.6	8.2	8.0	8.8	8.1	8.9	8.1	8.9
50	7.7	8.3	7.8	8.4	8.2	9.0	8.2	9.1	8.3	9.1
51	7.9	8.5	7.9	8.6	8.3	9.2	8.4	9.3	8.4	9.3
52	8.0	8.7	8.1	8.7	8.5	9.4	8.5	9.5	8.6	9.5
53	8.2	8.9	8.2	8.9	8.6	9.6	8.7	9.7	8.7	9.7
54	8.3	9.0	8.4	9.1	8.8	9.8	8.8	9.8	8.9	9.9
55	8.4	9.2	8.5	9.3	8.9	10.0	9.0	10.0	9.1	10.1
56	8.6	9.4	8.7	9.5	9.1	10.2	9.2	10.2	9.2	10.3
57	8.7	9.6	8.8	9.6	9.3	10.4	9.3	10.4	9.4	10.5
58	8.9	9.7	9.0	9.8	9.4	10.6	9.5	10.6	9.5	10.7
59	9.0	9.9	9.1	10.0	9.6	10.7	9.6	10.8	9.7	10.9
60	9.2	10.1	9.2	10.2	9.7	10.9	9.8	11.0	9.8	11.1
61	9.3	10.3	9.4	10.3	9.9	11.1	9.9	11.2	10.0	11.3
62	9.5	10.5	9.5	10.5	10.0	11.3	10.1	11.4	10.1	11.5
63	9.6	10.6	9.7	10.7	10.2	11.5	10.2	11.6	10.3	11.7
64	9.8	10.8	9.8	10.9	10.3	11.7	10.4	11.8	10.5	11.9
65	9.9	11.0	10.0	11.0	10.5	11.9	10.5	12.0	10.6	12.0
66	10.1	11.2	10.1	11.2	10.6	12.1	10.7	12.2	10.8	12.2
67	10.2	11.3	10.3	11.4	10.8	12.3	10.9	12.4	10.9	12.4
68	10.4	11.5	10.4	11.6	10.9	12.5	11.0	12.6	11.1	12.6
69	10.5	11.7	10.6	11.8	11.1	12.7	11.2	12.8	11.2	12.8
70	10.6	11.9	10.7	11.9	11.2	12.9	11.3	13.0	11.4	13.0
71	10.8	12.0	10.9	12.1	11.4	13.1	11.5	13.2	11.5	13.2
72	10.9	12.2	11.0	12.3	11.5	13.3	11.6	13.4	11.7	13.4
73	11.1	12.4	11.1	12.5	11.7	13.5	11.8	13.6	11.8	13.6
74	11.2	12.6	11.3	12.6	11.8	13.7	11.9	13.8	12.0	13.8
75	11.4	12.8	11.4	12.8	12.0	13.9	12.1	14.0	12.1	14.0
76	11.5	13.0	11.6	13.0	12.1	14.1	12.2	14.2	12.3	14.2
77	11.6	13.1	11.7	13.2	12.3	14.3	12.4	14.4	12.4	14.5
78	11.8	13.3	11.9	13.4	12.4	14.5	12.5	14.6	12.6	14.7
79	11.9	13.5	12.0	13.6	12.6	14.7	12.7	14.8	12.7	14.9
80	12.1	13.7	12.2	13.8	12.7	14.9	12.8	15.0	12.9	15.1

	− 22°									
	17″.4		17″.5		17″.6		17″.7		17″.8	
	+	−	+	−	+	−	+	−	+	−
	″	″	″	″	″	″	″	″	″	″
1	0.2	0.2	0.2	0.2	0.2	0.2	0.2	0.2	0.2	0.2
2	0.3	0.4	0.3	0.4	0.4	0.4	0.4	0.4	0.4	0.4
3	0.5	0.5	0.5	0.5	0.5	0.5	0.5	0.5	0.5	0.5
4	0.7	0.7	0.7	0.7	0.7	0.7	0.7	0.7	0.7	0.7
5	0.9	0.9	0.9	0.9	0.9	0.9	0.9	0.9	0.9	0.9
6	1.0	1.1	1.0	1.1	1.1	1.1	1.1	1.1	1.1	1.1
7	1.2	1.2	1.2	1.2	1.2	1.2	1.2	1.3	1.2	1.3
8	1.4	1.4	1.4	1.4	1.4	1.4	1.4	1.4	1.4	1.4
9	1.6	1.6	1.6	1.6	1.6	1.6	1.6	1.6	1.6	1.6
10	1.7	1.8	1.7	1.8	1.7	1.8	1.8	1.8	1.8	1.8
11	1.9	1.9	1.9	2.0	1.9	2.0	1.9	2.0	2.0	2.0
12	2.1	2.1	2.1	2.1	2.1	2.2	2.1	2.2	2.1	2.2
13	2.3	2.3	2.3	2.3	2.3	2.3	2.3	2.3	2.3	2.4
14	2.4	2.5	2.4	2.5	2.4	2.5	2.5	2.5	2.5	2.5
15	2.6	2.7	2.6	2.7	2.6	2.7	2.6	2.7	2.6	2.7
16	2.7	2.8	2.8	2.9	2.8	2.9	2.8	2.9	2.8	2.9
17	2.9	3.0	2.9	3.0	3.0	3.1	3.0	3.1	3.0	3.1
18	3.1	3.2	3.1	3.2	3.1	3.2	3.1	3.3	3.2	3.3
19	3.3	3.4	3.3	3.4	3.3	3.4	3.3	3.4	3.3	3.5
20	3.4	3.6	3.4	3.6	3.5	3.6	3.5	3.6	3.5	3.7
21	3.6	3.8	3.6	3.8	3.6	3.8	3.7	3.8	3.7	3.8
22	3.7	3.9	3.8	4.0	3.8	4.0	3.8	4.0	3.9	4.0
23	3.9	4.1	3.9	4.1	4.0	4.2	4.0	4.2	4.0	4.2
24	4.1	4.3	4.1	4.3	4.1	4.3	4.2	4.4	4.2	4.4
25	4.3	4.5	4.3	4.5	4.3	4.5	4.3	4.6	4.4	4.6
26	4.4	4.7	4.5	4.7	4.5	4.7	4.5	4.7	4.5	4.8
27	4.6	4.8	4.6	4.9	4.7	4.9	4.7	4.9	4.7	5.0
28	4.8	5.0	4.8	5.1	4.8	5.1	4.9	5.1	4.9	5.1
29	4.9	5.2	5.0	5.2	5.0	5.3	5.0	5.3	5.0	5.3
30	5.1	5.4	5.1	5.4	5.1	5.5	5.2	5.5	5.2	5.5
31	5.3	5.6	5.3	5.6	5.3	5.6	5.3	5.7	5.4	5.7
32	5.4	5.8	5.4	5.8	5.5	5.8	5.5	5.9	5.6	5.9
33	5.6	5.9	5.6	6.0	5.6	6.0	5.7	6.0	5.7	6.1
34	5.7	6.1	5.8	6.2	5.8	6.2	5.9	6.2	5.9	6.3
35	5.9	6.3	5.9	6.4	6.0	6.4	6.0	6.4	6.1	6.5
36	6.1	6.5	6.1	6.5	6.1	6.6	6.2	6.6	6.2	6.7
37	6.2	6.7	6.3	6.7	6.3	6.8	6.3	6.8	6.4	6.9
38	6.4	6.9	6.4	6.9	6.5	7.0	6.5	7.0	6.6	7.0
39	6.6	7.1	6.6	7.1	6.6	7.2	6.7	7.2	6.7	7.2
40	6.7	7.3	6.8	7.3	6.8	7.3	6.8	7.4	6.9	7.4

— 22°

′	17″.4 +	17″.4 −	17″.5 +	17″.5 −	17″.6 +	17″.6 −	17″.7 +	17″.7 −	17″.8 +	17″.8 −
	″	″	″	″	″	″	″	″	″	″
41	6.9	7.5	6.9	7.5	7.0	7.5	7.0	7.6	7.0	7.6
42	7.0	7.6	7.1	7.7	7.1	7.7	7.2	7.8	7.2	7.8
43	7.2	7.8	7.3	7.9	7.3	7.9	7.3	8.0	7.4	8.0
44	7.4	8.0	7.4	8.1	7.5	8.1	7.5	8.2	7.5	8.2
45	7.5	8.2	7.6	8.3	7.6	8.3	7.7	8.4	7.7	8.4
46	7.7	8.4	7.7	8.5	7.8	8.5	7.8	8.6	7.9	8.6
47	7.8	8.6	7.9	8.7	7.9	8.7	8.0	8.7	8.0	8.8
48	8.0	8.8	8.1	8.8	8.1	8.9	8.2	8.9	8.2	9.0
49	8.2	9.0	8.2	9.0	8.3	9.1	8.3	9.1	8.4	9.2
50	8.4	9.2	8.4	9.2	8.4	9.3	8.5	9.3	8.5	9.4
51	8.5	9.4	8.5	9.4	8.6	9.5	8.6	9.5	8.7	9.6
52	8.6	9.6	8.7	9.6	8.7	9.7	8.8	9.7	8.8	9.8
53	8.8	9.8	8.8	9.8	8.9	9.9	9.0	9.9	9.0	10.0
54	9.0	9.9	9.0	10.0	9.1	10.1	9.1	10.1	9.2	10.2
55	9.1	10.1	9.2	10.2	9.2	10.3	9.3	10.3	9.3	10.4
56	9.3	10.3	9.3	10.4	9.4	10.5	9.4	10.5	9.5	10.6
57	9.4	10.5	9.5	10.6	9.5	10.7	9.6	10.7	9.7	10.8
58	9.6	10.7	9.6	10.8	9.7	10.8	9.8	10.9	9.8	11.0
59	9.7	10.9	9.8	11.0	9.9	11.0	9.9	11.1	10.0	11.2
60	9.9	11.1	10.0	11.2	10.0	11.2	10.1	11.3	10.1	11.4
61	10.1	11.3	10.1	11.4	10.2	11.4	10.2	11.5	10.3	11.6
62	10.2	11.5	10.3	11.6	10.3	11.6	10.4	11.7	10.5	11.8
63	10.4	11.7	10.4	11.8	10.5	11.8	10.6	11.9	10.6	12.0
64	10.5	11.9	10.6	12.0	10.6	12.0	10.7	12.1	10.8	12.2
65	10.7	12.1	10.7	12.2	10.8	12.2	10.9	12.3	10.9	12.4
66	10.8	12.3	10.9	12.4	11.0	12.4	11.0	12.5	11.1	12.6
67	11.0	12.5	11.1	12.6	11.1	12.6	11.2	12.7	11.3	12.8
68	11.1	12.7	11.2	12.8	11.3	12.8	11.3	12.9	11.4	13.0
69	11.3	12.9	11.4	13.0	11.4	13.0	11.5	13.1	11.6	13.2
70	11.4	13.1	11.5	13.2	11.6	13.2	11.7	13.3	11.7	13.4
71	11.6	13.3	11.7	13.4	11.8	13.5	11.8	13.5	11.9	13.6
72	11.8	13.5	11.8	13.6	11.9	13.7	12.0	13.7	12.0	13.8
73	11.9	13.7	12.0	13.8	12.1	13.9	12.1	13.9	12.2	14.0
74	12.1	13.9	12.1	14.0	12.2	14.1	12.3	14.1	12.4	14.2
75	12.2	14.1	12.3	14.2	12.4	14.3	12.4	14.3	12.5	14.4
76	12.4	14.3	12.4	14.4	12.5	14.5	12.6	14.6	12.7	14.6
77	12.5	14.5	12.6	14.6	12.7	14.7	12.7	14.8	12.8	14.8
78	12.7	14.7	12.8	14.8	12.8	14.9	12.9	15.0	13.0	15.0
79	12.8	14.9	12.9	15.0	13.0	15.1	13.1	15.2	13.1	15.2
80	13.0	15.1	13.0	15.2	13.1	15.3	13.2	15.4	13.3	15.4

— 22°

	17″.9		18″.0		18″.1		18″.2		18″.3	
	+	−	+	−	+	−	+	−	+	−
′	″	″	″	″	″	″	″	″	″	″
1	0.2	0.2	0.2	0.2	0.2	0.2	0.2	0.2	0.2	0.2
2	0.4	0.4	0.4	0.4	0.4	0.4	0.4	0.4	0.4	0.4
3	0.5	0.5	0.5	0.6	0.5	0.6	0.5	0.6	0.6	0.6
4	0.7	0.7	0.7	0.7	0.7	0.7	0.7	0.7	0.7	0.7
5	0.9	0.9	0.9	0.9	0.9	0.9	0.9	0.9	0.9	0.9
6	1.1	1.1	1.1	1.1	1.1	1.1	1.1	1.1	1.1	1.1
7	1.2	1.3	1.2	1.3	1.3	1.3	1.3	1.3	1.3	1.3
8	1.4	1.5	1.4	1.5	1.4	1.5	1.5	1.5	1.5	1.5
9	1.6	1.6	1.6	1.6	1.6	1.7	1.6	1.7	1.6	1.7
10	1.8	1.8	1.8	1.8	1.8	1.8	1.8	1.8	1.8	1.9
11	2.0	2.0	2.0	2.0	2.0	2.0	2.0	2.0	2.0	2.0
12	2.1	2.2	2.1	2.2	2.2	2.2	2.2	2.2	2.2	2.2
13	2.3	2.4	2.3	2.4	2.3	2.4	2.3	2.4	2.4	2.4
14	2.5	2.6	2.5	2.6	2.5	2.6	2.5	2.6	2.5	2.6
15	2.7	2.7	2.7	2.8	2.7	2.8	2.7	2.8	2.7	2.8
16	2.8	2.9	2.9	2.9	2.9	3.0	2.9	3.0	2.9	3.0
17	3.0	3.1	3.0	3.1	3.0	3.1	3.1	3.2	3.1	3.2
18	3.2	3.3	3.2	3.3	3.2	3.3	3.2	3.4	3.3	3.4
19	3.4	3.5	3.4	3.5	3.4	3.5	3.4	3.5	3.4	3.6
20	3.5	3.7	3.5	3.7	3.6	3.7	3.6	3.7	3.6	3.7
21	3.7	3.9	3.7	3.9	3.7	3.9	3.8	3.9	3.8	3.9
22	3.9	4.0	3.9	4.1	3.9	4.1	4.0	4.1	4.0	4.1
23	4.0	4.2	4.1	4.2	4.1	4.3	4.1	4.3	4.1	4.3
24	4.2	4.4	4.2	4.4	4.3	4.5	4.3	4.5	4.3	4.5
25	4.4	4.6	4.4	4.6	4.4	4.7	4.5	4.7	4.5	4.7
26	4.6	4.8	4.6	4.8	4.6	4.8	4.6	4.9	4.7	4.9
27	4.7	5.0	4.8	5.0	4.8	5.0	4.8	5.1	4.8	5.1
28	4.9	5.2	4.9	5.2	5.0	5.2	5.0	5.2	5.0	5.3
29	5.1	5.4	5.1	5.4	5.1	5.4	5.2	5.4	5.2	5.5
30	5.2	5.5	5.3	5.6	5.3	5.6	5.3	5.6	5.4	5.7
31	5.4	5.7	5.4	5.8	5.5	5.8	5.5	5.8	5.5	5.9
32	5.6	5.9	5.6	6.0	5.6	6.0	5.7	6.0	5.7	6.1
33	5.8	6.1	5.8	6.1	5.8	6.2	5.8	6.2	5.9	6.3
34	5.9	6.3	6.0	6.3	6.0	6.4	6.0	6.4	6.1	6.5
35	6.1	6.5	6.1	6.5	6.1	6.6	6.2	6.6	6.2	6.7
36	6.3	6.7	6.3	6.7	6.3	6.7	6.4	6.8	6.4	6.8
37	6.4	6.9	6.5	6.9	6.5	6.9	6.5	7.0	6.6	7.0
38	6.6	7.1	6.6	7.1	6.7	7.1	6.7	7.2	6.7	7.2
39	6.8	7.3	6.8	7.3	6.8	7.3	6.9	7.4	6.9	7.4
40	6.9	7.5	7.0	7.5	7.0	7.5	7.0	7.6	7.1	7.6

— 22°

	17″.9		18″.0		18″.1		18″.2		18″.3	
	+	—	+	—	+	—	+	—	+	—
′	″	″	″	″	″	″	″	″	″	″
41	7.1	7.7	7.1	7.7	7.2	7.8	7.2	7.8	7.2	7.8
42	7.2	7.9	7.3	7.9	7.3	7.9	7.4	8.0	7.4	8.0
43	7.4	8.1	7.5	8.1	7.5	8.1	7.5	8.2	7.6	8.2
44	7.6	8.3	7.6	8.3	7.7	8.3	7.7	8.4	7.8	8.4
45	7.7	8.4	7.8	8.5	7.8	8.5	7.9	8.6	7.9	8.6
46	7.9	8.6	8.0	8.7	8.0	8.7	8.1	8.8	8.1	8.8
47	8.1	8.8	8.1	8.9	8.2	8.9	8.2	9.0	8.3	9.0
48	8.2	9.0	8.3	9.1	8.4	9.1	8.4	9.2	8.4	9.2
49	8.4	9.2	8.5	9.3	8.5	9.3	8.6	9.4	8.6	9.4
50	8.6	9.4	8.6	9.5	8.7	9.5	8.7	9.6	8.8	9.6
51	8.7	9.6	8.8	9.7	8.9	9.7	8.9	9.8	9.0	9.8
52	8.9	9.8	9.0	9.9	9.1	9.9	9.1	10.0	9.1	10.0
53	9.1	10.0	9.2	10.1	9.2	10.1	9.2	10.2	9.3	10.2
54	9.2	10.2	9.3	10.3	9.4	10.3	9.4	10.4	9.4	10.4
55	9.4	10.4	9.5	10.5	9.5	10.5	9.6	10.6	9.6	10.6
56	9.6	10.6	9.6	10.7	9.7	10.7	9.7	10.8	9.8	10.8
57	9.7	10.8	9.8	10.9	9.8	10.9	9.9	11.0	9.9	11.0
58	9.9	11.0	9.9	11.1	10.0	11.1	10.1	11.2	10.1	11.3
59	10.0	11.2	10.1	11.3	10.2	11.3	10.2	11.4	10.3	11.5
60	10.2	11.4	10.3	11.5	10.3	11.5	10.4	11.6	10.4	11.7
61	10.4	11.6	10.4	11.7	10.5	11.7	10.5	11.8	10.6	11.9
62	10.5	11.8	10.6	11.9	10.6	12.0	10.7	12.0	10.8	12.1
63	10.7	12.0	10.7	12.1	10.8	12.2	10.9	12.2	10.9	12.3
64	10.8	12.2	10.9	12.3	11.0	12.4	11.0	12.4	11.1	12.5
65	11.0	12.4	11.1	12.5	11.1	12.6	11.2	12.6	11.3	12.7
66	11.2	12.6	11.2	12.7	11.3	12.8	11.4	12.8	11.4	12.9
67	11.3	12.8	11.4	12.9	11.5	13.0	11.5	13.0	11.6	13.1
68	11.5	13.0	11.6	13.1	11.6	13.2	11.7	13.3	11.7	13.3
69	11.6	13.3	11.7	13.3	11.8	13.4	11.8	13.5	11.9	13.5
70	11.8	13.5	11.9	13.5	11.9	13.6	12.0	13.7	12.1	13.7
71	12.0	13.7	12.0	13.7	12.1	13.8	12.2	13.9	12.2	14.0
72	12.1	13.9	12.2	13.9	12.3	14.0	12.3	14.1	12.4	14.2
73	12.3	14.1	12.3	14.1	12.4	14.2	12.5	14.3	12.6	14.4
74	12.4	14.3	12.5	14.4	12.6	14.4	12.7	14.5	12.7	14.6
75	12.6	14.5	12.7	14.6	12.7	14.6	12.8	14.7	12.9	14.8
76	12.7	14.7	12.8	14.8	12.9	14.9	13.0	14.9	13.0	15.0
77	12.9	14.9	13.0	15.0	13.1	15.1	13.1	15.1	13.2	15.2
78	13.1	15.1	13.1	15.2	13.2	15.3	13.3	15.4	13.4	15.4
79	13.2	15.3	13.3	15.4	13.4	15.5	13.5	15.6	13.5	15.6
80	13.4	15.5	13.5	15.6	13.6	15.7	13.6	15.8	13.7	15.9

	18′.4		18″.5		18″.6		18″.7		18″.7	
	+	−	+	−	+	−	+	−	+	−
′	″	″	″	″	″	″	″	″	″	″
1	0.2	0.2	0.2	0.2	0.2	0.2	0.2	0.2	0.2	0.2
2	0.4	0.4	0.4	0.4	0.4	0.4	0.4	0.4	0.4	0.4
3	0.6	0.6	0.6	0.6	0.6	0.6	0.6	0.6	0.6	0.6
4	0.7	0.7	0.7	0.7	0.7	0.8	0.7	0.8	0.7	0.8
5	0.9	0.9	0.9	0.9	0.9	0.9	0.9	0.9	0.9	1.0
6	1.1	1.1	1.1	1.1	1.1	1.1	1.1	1.1	1.1	1.1
7	1.3	1.3	1.3	1.3	1.3	1.3	1.3	1.3	1.3	1.3
8	1.5	1.5	1.5	1.5	1.5	1.5	1.5	1.5	1.5	1.5
9	1.6	1.7	1.7	1.7	1.7	1.7	1.7	1.7	1.7	1.7
10	1.8	1.9	1.8	1.9	1.8	1.9	1.9	1.9	1.9	1.9
11	2.0	2.1	2.0	2.1	2.0	2.1	2.0	2.1	2.1	2.1
12	2.2	2.2	2.2	2.3	2.2	2.3	2.2	2.3	2.2	2.3
13	2.4	2.4	2.4	2.4	2.4	2.5	2.4	2.5	2.4	2.5
14	2.6	2.6	2.6	2.6	2.6	2.7	2.6	2.7	2.6	2.7
15	2.7	2.8	2.7	2.8	2.8	2.8	2.8	2.9	2.8	2.9
16	2.9	3.0	2.9	3.0	3.0	3.0	3.0	3.1	3.0	3.1
17	3.1	3.2	3.1	3.2	3.1	3.2	3.1	3.2	3.2	3.3
18	3.3	3.4	3.3	3.4	3.3	3.4	3.3	3.4	3.3	3.5
19	3.5	3.6	3.5	3.6	3.5	3.6	3.5	3.6	3.5	3.7
20	3.6	3.8	3.6	3.8	3.7	3.8	3.7	3.8	3.7	3.8
21	3.8	4.0	3.8	4.0	3.9	4.0	3.9	4.0	3.9	4.0
22	4.0	4.2	4.0	4.2	4.0	4.2	4.1	4.2	4.1	4.2
23	4.2	4.3	4.2	4.4	4.2	4.4	4.2	4.4	4.3	4.4
24	4.3	4.5	4.4	4.6	4.4	4.6	4.4	4.6	4.4	4.6
25	4.5	4.7	4.5	4.8	4.6	4.8	4.6	4.8	4.6	4.8
26	4.7	4.9	4.7	4.9	4.7	5.0	4.8	5.0	4.8	5.0
27	4.9	5.1	4.9	5.1	4.9	5.2	5.0	5.2	5.0	5.2
28	5.0	5.3	5.1	5.3	5.1	5.4	5.1	5.4	5.2	5.4
29	5.2	5.5	5.2	5.5	5.3	5.6	5.3	5.6	5.3	5.6
30	5.4	5.7	5.4	5.7	5.4	5.8	5.5	5.8	5.5	5.8
31	5.6	5.9	5.6	5.9	5.6	6.0	5.7	6.0	5.7	6.0
32	5.7	6.1	5.8	6.1	5.8	6.1	5.8	6.2	5.9	6.2
33	5.9	6.3	5.9	6.3	6.0	6.3	6.0	6.4	6.0	6.4
34	6.1	6.5	6.1	6.5	6.1	6.5	6.2	6.6	6.2	6.6
35	6.3	6.7	6.3	6.7	6.3	6.7	6.4	6.8	6.4	6.8
36	6.4	6.9	6.5	6.9	6.5	6.9	6.5	7.0	6.5	7.0
37	6.6	7.1	6.6	7.1	6.7	7.1	6.7	7.2	6.7	7.2
38	6.8	7.3	6.8	7.3	6.9	7.3	6.9	7.4	6.9	7.4
39	6.9	7.5	7.0	7.5	7.0	7.5	7.1	7.6	7.1	7.6
40	7.1	7.7	7.2	7.7	7.2	7.7	7.2	7.8	7.3	7.8

— 22°

	18″.4		18″.5		18″.6		18″.7		18″.8	
	+	−	+	−	+	−	+	−	+	−
′	″	″	″	″	″	″	″	″	″	″
41	7.3	7.9	7.3	7.9	7.4	8.0	7.4	8.0	7.5	8.0
42	7.5	8.1	7.5	8.1	7.5	8.2	7.6	8.2	7.6	8.2
43	7.6	8.3	7.7	8.3	7.7	8.4	7.8	8.4	7.8	8.4
44	7.8	8.5	7.8	8.5	7.9	8.6	7.9	8.6	8.0	8.6
45	8.0	8.7	8.0	8.7	8.1	8.8	8.1	8.8	8.2	8.9
46	8.1	8.9	8.2	8.9	8.2	9.0	8.3	9.0	8.3	9.1
47	8.3	9.1	8.4	9.1	8.4	9.2	8.5	9.2	8.5	9.3
48	8.5	9.3	8.5	9.3	8.6	9.4	8.6	9.4	8.7	9.5
49	8.7	9.5	8.7	9.5	8.7	9.6	8.8	9.6	8.8	9.7
50	8.8	9.7	8.9	9.7	8.9	9.8	9.0	9.8	9.0	9.9
51	9.0	9.9	9.0	9.9	9.1	10.0	9.1	10.0	9.2	10.1
52	9.2	10.1	9.2	10.1	9.3	10.2	9.3	10.2	9.4	10.3
53	9.3	10.3	9.4	10.3	9.4	10.4	9.5	10.5	9.5	10.5
54	9.5	10.5	9.5	10.5	9.6	10.6	9.7	10.7	9.7	10.7
55	9.7	10.7	9.7	10.7	9.8	10.8	9.8	10.9	9.9	10.9
56	9.8	10.9	9.9	11.0	9.9	11.0	10.0	11.1	10.1	11.1
57	10.0	11.1	10.1	11.2	10.1	11.2	10.2	11.3	10.2	11.3
58	10.2	11.3	10.2	11.4	10.3	11.4	10.3	11.5	10.4	11.5
59	10.3	11.5	10.4	11.6	10.5	11.6	10.5	11.7	10.6	11.7
60	10.5	11.7	10.6	11.8	10.6	11.8	10.7	11.9	10.7	12.0
61	10.7	11.9	10.7	12.0	10.8	12.0	10.8	12.1	10.9	12.2
62	10.8	12.1	10.9	12.2	11.0	12.3	11.0	12.3	11.1	12.4
63	11.0	12.3	11.1	12.4	11.1	12.5	11.2	12.5	11.2	12.6
64	11.2	12.6	11.2	12.6	11.3	12.7	11.4	12.7	11.4	12.8
65	11.3	12.8	11.4	12.8	11.5	12.9	11.5	13.0	11.6	13.0
66	11.5	13.0	11.6	13.0	11.6	13.1	11.7	13.2	11.8	13.2
67	11.7	13.2	11.7	13.2	11.8	13.3	11.9	13.4	11.9	13.4
68	11.8	13.4	11.9	13.5	12.0	13.5	12.0	13.6	12.1	13.7
69	12.0	13.6	12.1	13.7	12.1	13.7	12.2	13.8	12.3	13.9
70	12.1	13.8	12.2	13.9	12.3	13.9	12.4	14.0	12.4	14.1
71	12.3	14.0	12.4	14.1	12.5	14.2	12.5	14.2	12.6	14.3
72	12.5	14.2	12.6	14.3	12.6	14.4	12.7	14.4	12.8	14.5
73	12.6	14.4	12.7	14.5	12.8	14.6	12.9	14.7	12.9	14.7
74	12.8	14.7	12.9	14.7	13.0	14.8	13.0	14.9	13.1	14.9
75	13.0	14.9	13.0	14.9	13.1	15.0	13.2	15.1	13.3	15.2
76	13.1	15.1	13.2	15.2	13.3	15.2	13.3	15.3	13.4	15.4
77	13.3	15.3	13.4	15.4	13.4	15.4	13.5	15.5	13.6	15.6
78	13.4	15.5	13.5	15.6	13.6	15.7	13.7	15.7	13.8	15.8
79	13.6	15.7	13.7	15.8	13.8	15.9	13.8	16.0	13.9	16.0
80	13.8	15.9	13.8	16.0	13.9	16.1	14.0	16.2	14.1	16.3

	− 22°								− 24°	
	18″.9		19″.0		19″.1		19″.2		22″.0	
	+	−	+	−	+	−	+	−	+	−
′	″	″	″	″	″	″	″	″	″	″
1	0.2	0.2	0.2	0.2	0.2	0.2	0.2	0.2	0.2	0.2
2	0.4	0.4	0.4	0.4	0.4	0.4	0.4	0.4	0.4	0.4
3	0.6	0.6	0.6	0.6	0.6	0.6	0.6	0.6	0.7	0.7
4	0.8	0.8	0.8	0.8	0.8	0.8	0.8	0.8	0.9	0.9
5	0.9	1.0	0.9	1.0	0.9	1.0	1.0	1.0	1.1	1.1
6	1.1	1.1	1.1	1.1	1.1	1.2	1.1	1.2	1.3	1.3
7	1.3	1.3	1.3	1.3	1.3	1.4	1.3	1.4	1.5	1.6
8	1.5	1.5	1.5	1.5	1.5	1.6	1.5	1.6	1.7	1.8
9	1.7	1.7	1.7	1.7	1.7	1.7	1.7	1.8	2.0	2.0
10	1.9	1.9	1.9	1.9	1.9	1.9	1.9	1.9	2.2	2.2
11	2.1	2.1	2.1	2.1	2.1	2.1	2.1	2.1	2.4	2.5
12	2.3	2.3	2.3	2.3	2.3	2.3	2.3	2.3	2.6	2.7
13	2.5	2.5	2.5	2.5	2.5	2.5	2.5	2.5	2.8	2.9
14	2.6	2.7	2.6	2.7	2.6	2.7	2.7	2.7	3.0	3.2
15	2.8	2.9	2.8	2.9	2.8	2.9	2.9	2.9	3.2	3.4
16	3.0	3.1	3.0	3.1	3.0	3.1	3.0	3.1	3.5	3.6
17	3.2	3.3	3.2	3.3	3.2	3.3	3.2	3.3	3.7	3.8
18	3.4	3.5	3.4	3.5	3.4	3.5	3.4	3.5	3.9	4.1
19	3.6	3.7	3.6	3.7	3.6	3.7	3.6	3.7	4.1	4.3
20	3.7	3.9	3.7	3.9	3.8	3.9	3.8	3.9	4.3	4.5
21	3.9	4.1	3.9	4.1	4.0	4.1	4.0	4.1	4.5	4.8
22	4.1	4.3	4.1	4.3	4.1	4.3	4.2	4.3	4.7	5.0
23	4.3	4.5	4.3	4.5	4.3	4.5	4.3	4.5	4.9	5.2
24	4.5	4.7	4.5	4.7	4.5	4.7	4.5	4.7	5.2	5.5
25	4.6	4.9	4.7	4.9	4.7	4.9	4.7	4.9	5.4	5.7
26	4.8	5.1	4.8	5.1	4.9	5.1	4.9	5.1	5.6	5.9
27	5.0	5.3	5.0	5.3	5.1	5.3	5.1	5.3	5.8	6.2
28	5.2	5.5	5.2	5.5	5.2	5.5	5.3	5.5	6.0	6.4
29	5.4	5.7	5.4	5.7	5.4	5.7	5.5	5.7	6.2	6.6
30	5.5	5.9	5.6	5.9	5.6	5.9	5.6	5.9	6.4	6.9
31	5.7	6.1	5.7	6.1	5.8	6.1	5.8	6.1	6.6	7.1
32	5.9	6.3	5.9	6.3	6.0	6.3	6.0	6.3	6.8	7.3
33	6.1	6.5	6.1	6.5	6.1	6.5	6.2	6.6	7.0	7.6
34	6.3	6.7	6.3	6.7	6.3	6.7	6.4	6.8	7.2	7.8
35	6.4	6.9	6.5	6.9	6.5	6.9	6.5	7.0	7.4	8.0
36	6.6	7.1	6.6	7.1	6.7	7.1	6.7	7.2	7.6	8.3
37	6.8	7.3	6.8	7.3	6.9	7.3	6.9	7.4	7.8	8.5
38	7.0	7.5	7.0	7.5	7.0	7.5	7.1	7.6	8.0	8.8
39	7.1	7.7	7.2	7.7	7.2	7.7	7.3	7.8	8.3	9.0
40	7.3	7.9	7.4	7.9	7.4	7.9	7.4	8.0	8.5	9.2

	— 22°								— 24°	
	18″.9		19″.0		19″.1		19″.2		22″.0	
	+	—	+	—	+	—	+	—	+	—
′	″	″	″	″	″	″	″	″	″	″
41	7.5	8.1	7.5	8.1	7.6	8.2	7.6	8.2	8.7	9.5
42	7.7	8.3	7.7	8.3	7.8	8.4	7.8	8.4	8.9	9.7
43	7.8	8.5	7.9	8.5	7.9	8.6	8.0	8.6	9.1	10.0
44	8.0	8.7	8.1	8.7	8.1	8.8	8.2	8.8	9.3	10.2
45	8.2	8.9	8.2	8.9	8.3	9.0	8.3	9.0	9.5	10.5
46	8.4	9.1	8.4	9.1	8.5	9.2	8.5	9.2	9.7	10.7
47	8.5	9.3	8.6	9.4	8.6	9.4	8.7	9.4	9.9	11.0
48	8.7	9.5	8.8	9.6	8.8	9.6	8.9	9.7	10.1	11.2
49	8.9	9.7	8.9	9.8	9.0	9.8	9.0	9.9	10.3	11.4
50	9.1	9.9	9.1	10.0	9.2	10.0	9.2	10.1	10.5	11.7
51	9.2	10.1	9.3	10.2	9.3	10.2	9.4	10.3	10.7	11.9
52	9.4	10.3	9.5	10.4	9.5	10.4	9.6	10.5	10.9	12.2
53	9.6	10.6	9.6	10.6	9.7	10.7	9.8	10.7	11.1	12.4
54	9.8	10.8	9.8	10.8	9.9	10.9	9.9	10.9	11.3	12.7
55	9.9	11.0	10.0	11.0	10.0	11.1	10.1	11.1	11.5	12.9
56	10.1	11.2	10.2	11.2	10.2	11.3	10.3	11.3	11.6	13.2
57	10.3	11.4	10.3	11.4	10.4	11.5	10.5	11.6	11.8	13.4
58	10.4	11.6	10.5	11.7	10.6	11.7	10.6	11.8	12.0	13.7
59	10.6	11.8	10.7	11.9	10.7	11.9	10.8	12.0	12.2	13.9
60	10.8	12.0	10.9	12.1	10.9	12.1	11.0	12.2	12.4	14.2
61	11.0	12.2	11.0	12.3	11.1	12.4	11.2	12.4	12.6	14.4
62	11.1	12.4	11.2	12.5	11.3	12.6	11.3	12.6	12.8	14.7
63	11.3	12.7	11.4	12.7	11.4	12.8	11.5	12.8	13.0	14.9
64	11.5	12.9	11.5	12.9	11.6	13.0	11.7	13.1	13.2	15.2
65	11.7	13.1	11.7	13.2	11.8	13.2	11.8	13.3	13.4	15.5
66	11.8	13.3	11.9	13.4	12.0	13.4	12.0	13.5	13.6	15.7
67	12.0	13.5	12.1	13.6	12.1	13.6	12.2	13.7	13.8	16.0
68	12.2	13.7	12.2	13.8	12.3	13.9	12.4	13.9	14.0	16.2
69	12.3	13.9	12.4	14.0	12.5	14.1	12.5	14.2	14.2	16.5
70	12.5	14.2	12.6	14.2	12.6	14.3	12.7	14.4	14.4	16.7
71	12.7	14.4	12.7	14.4	12.8	14.5	12.9	14.6	14.5	17.0
72	12.8	14.6	12.9	14.7	13.0	14.7	13.1	14.8	14.7	17.3
73	13.0	14.8	13.1	14.9	13.2	15.0	13.2	15.0	14.9	17.5
74	13.2	15.0	13.2	15.1	13.3	15.2	13.4	15.2	15.1	17.8
75	13.3	15.2	13.4	15.3	13.5	15.4	13.6	15.5	15.3	18.0
76	13.5	15.5	13.6	15.5	13.7	15.6	13.7	15.7	15.5	18.3
77	13.7	15.7	13.7	15.8	13.8	15.8	13.9	15.9	15.7	18.6
78	13.8	15.9	13.9	16.0	14.0	16.1	14.1	16.1	15.9	18.8
79	14.0	16.1	14.1	16.2	14.2	16.3	14.2	16.4	16,0	19.1
80	14.2	16.3	14.2	16.4	14.3	16.5	14.4	16.6	16.2	19.4

	22″.1		22″.2		22″.3		22″.4		22″.5	
— 24°	+	−	+	−	+	−	+	−	+	−
′	″	″	″	″	″	″	″	″	″	″
1	0.2	0.2	0.2	0.2	0.2	0.2	0.2	0.2	0.2	0.2
2	0.4	0.5	0.4	0.5	0.4	0.5	0.4	0.5	0.4	0.5
3	0.7	0.7	0.7	0.7	0.7	0.7	0.7	0.7	0.7	0.7
4	0.9	0.9	0.9	0.9	0.9	0.9	0.9	0.9	0.9	0.9
5	1.1	1.1	1.1	1.1	1.1	1.1	1.1	1.1	1.1	1.2
6	1.3	1.4	1.3	1.4	1.3	1.4	1.3	1.4	1.3	1.4
7	1.5	1.6	1.5	1.6	1.5	1.6	1.5	1.6	1.6	1.6
8	1.7	1.8	1.8	1.8	1.8	1.8	1.8	1.8	1.8	1.8
9	2.0	2.0	2.0	2.0	2.0	2.0	2.0	2.1	2.0	2.1
10	2.2	2.3	2.2	2.3	2.2	2.3	2.2	2.3	2.2	2.3
11	2.4	2.5	2.4	2.5	2.4	2.5	2.4	2.5	2.4	2.5
12	2.6	2.7	2.6	2.7	2.6	2.7	2.6	2.8	2.7	2.8
13	2.8	3.0	2.8	3.0	2.9	3.0	2.9	3.0	2.9	3.0
14	3.1	3.2	3.1	3.2	3.1	3.2	3.1	3.2	3.1	3.2
15	3.3	3.4	3.3	3.4	3.3	3.4	3.3	3.4	3.3	3.5
16	3.5	3.7	3.5	3.7	3.5	3.7	3.5	3.7	3.5	3.7
17	3.7	3.9	3.7	3.9	3.7	3.9	3.8	3.9	3.8	3.9
18	3.9	4.1	3.9	4.1	3.9	4.1	4.0	4.2	4.0	4.2
19	4.1	4.3	4.1	4.3	4.2	4.4	4.2	4.4	4.2	4.4
20	4.3	4.6	4.3	4.6	4.4	4.6	4.4	4.6	4.4	4.6
21	4.6	4.8	4.6	4.8	4.6	4.8	4.6	4.9	4.6	4.9
22	4.8	5.0	4.8	5.0	4.8	5.1	4.8	5.1	4.8	5.1
23	5.0	5.3	5.0	5.3	5.0	5.3	5.0	5.3	5.1	5.3
24	5.2	5.5	5.2	5.5	5.2	5.5	5.3	5.6	5.3	5.6
25	5.4	5.7	5.4	5.7	5.4	5.8	5.5	5.8	5.5	5.8
26	5.6	6.0	5.6	6.0	5.7	6.0	5.7	6.0	5.7	6.1
27	5.8	6.2	5.8	6.2	5.9	6.3	5.9	6.3	5.9	6.3
28	6.0	6.4	6.0	6.5	6.1	6.5	6.1	6.5	6.1	6.5
29	6.2	6.7	6.3	6.7	6.3	6.7	6.3	6.7	6.3	6.8
30	6.4	6.9	6.5	6.9	6.5	7.0	6.5	7.0	6.6	7.0
31	6.6	7.1	6.7	7.2	6.7	7.2	6.7	7.2	6.8	7.3
32	6.9	7.4	6.9	7.4	6.9	7.4	6.9	7.5	7.0	7.5
33	7.1	7.6	7.1	7.6	7.1	7.7	7.2	7.7	7.2	7.7
34	7.3	7.8	7.3	7.9	7.3	7.9	7.4	7.9	7.4	8.0
35	7.5	8.1	7.5	8.1	7.5	8.2	7.6	8.2	7.6	8.2
36	7.7	8.3	7.7	8.4	7.7	8.4	7.8	8.4	7.8	8.5
37	7.9	8.6	7.9	8.6	8.0	8.6	8.0	8.7	8.0	8.7
38	8.1	8.8	8.1	8.8	8.2	8.9	8.2	8.9	8.2	9.0
39	8.3	9.0	8.3	9.1	8.4	9.1	8.4	9.2	8.5	9.2
40	8.5	9.3	8.5	9.3	8.6	9.4	8.6	9.4	8.7	9.4

— 24°

	22″.1		22″.2		22″.3		22″.4		22″.5	
	+	−	+	−	+	−	+	−	+	−
′	″	″	″	″	″	″	″	″	″	″
41	8.7	9.5	8.7	9.6	8.8	9.6	8.8	9.7	8.9	9.7
42	8.9	9.8	8.9	9.8	9.0	9.9	9.0	9.9	9.1	9.9
43	9.1	10.0	9.2	10.1	9.2	10.1	9.2	10.1	9.3	10.2
44	9.3	10.3	9.4	10.3	9.4	10.3	9.4	10.4	9.5	10.4
45	9.5	10.5	9.6	10.5	9.6	10.6	9.6	10.6	9.7	10.7
46	9.7	10.8	9.8	10.8	9.8	10.9	9.9	10.9	9.9	10.9
47	9.9	11.0	10.0	11.0	10.0	11.1	10.1	11.1	10.1	11.2
48	10.1	11.2	10.2	11.3	10.2	11.3	10.3	11.4	10.3	11.4
49	10.3	11.5	10.4	11.5	10.4	11.6	10.5	11.6	10.5	11.7
50	10.5	11.7	10.6	11.8	10.6	11.8	10.7	11.9	10.7	11.9
51	10.7	12.0	10.8	12.0	10.8	12.1	10.9	12.1	10.9	12.2
52	10.9	12.2	11.0	12.3	11.0	12.3	11.1	12.4	11.1	12.4
53	11.1	12.5	11.2	12.5	11.2	12.6	11.3	12.6	11.3	12.7
54	11.3	12.7	11.4	12.8	11.4	12.8	11.5	12.9	11.5	13.0
55	11.5	13.0	11.6	13.0	11.6	13.1	11.7	13.1	11.7	13.2
56	11.7	13.2	11.8	13.3	11.8	13.3	11.9	13.4	11.9	13.5
57	11.9	13.5	12.0	13.5	12.0	13.6	12.1	13.7	12.1	13.7
58	12.1	13.7	12.2	13.8	12.2	13.9	12.3	13.9	12.3	14.0
59	12.3	14.0	12.4	14.1	12.4	14.1	12.5	14.2	12.5	14.2
60	12.5	14.2	12.6	14.3	12.6	14.4	12.7	14.4	12.7	14.5
61	12.7	14.5	12.7	14.6	12.8	14.6	12.9	14.7	12.9	14.7
62	12.9	14.8	12.9	14.8	13.0	14.9	13.1	14.9	13.1	15.0
63	13.1	15.0	13.1	15.1	13.2	15.1	13.3	15.2	13.3	15.3
64	13.3	15.3	13.3	15.3	13.4	15.4	13.5	15.5	13.5	15.5
65	13.5	15.5	13.5	15.6	13.6	15.7	13.7	15.7	13.7	15.8
66	13.7	15.8	13.7	15.8	13.8	15.9	13.9	16.0	13.9	16.0
67	13.9	16.0	13.9	16.1	14.0	16.2	14.1	16.2	14.1	16.3
68	14.1	16.3	14.1	16.4	14.2	16.4	14.3	16.5	14.3	16.6
69	14.2	16.6	14.3	16.6	14.4	16.7	14.4	16.8	14.5	16.8
70	14.4	16.8	14.5	16.9	14.6	17.0	14.6	17.0	14.7	17.1
71	14.6	17.1	14.7	17.2	14.8	17.2	14.8	17.3	14.9	17.4
72	14.8	17.3	14.9	17.4	15.0	17.5	15.0	17.6	15.1	17.6
73	15.0	17.6	15.1	17.7	15.2	17.7	15.2	17.8	15.3	17.9
74	15.2	17.9	15.3	17.9	15.3	18.0	15.4	18.1	15.5	18.2
75	15.4	18.1	15.5	18.2	15.5	18.3	15.6	18.3	15.7	18.4
76	15.6	18.4	15.6	18.5	15.7	18.5	15.8	18.6	15.9	18.7
77	15.8	18.7	15.8	18.7	15.9	18.8	16.0	18.9	16.1	19.0
78	16.0	18.9	16.0	19.0	16.1	19.1	16.2	19.1	16.3	19.2
79	16.1	19.2	16.2	19.3	16.3	19.3	16.4	19.4	16.4	19.5
80	16.3	19.4	16.4	19.5	16.5	19.6	16.6	19.7	16.6	19.8

	22″.6		22″.7		22″.8		22″.9		23″.0	
— 24°	+	−	+	−	+	−	+	−	+	−
′	″	″	″	″	″	″	″	″	″	″
1	0.2	0.2	0.2	0.2	0.2	0.2	0.2	0.2	0.2	0.2
2	0.5	0.5	0.5	0.5	0.5	0.5	0.5	0.5	0.5	0.5
3	0.7	0.7	0.7	0.7	0.7	0.7	0.7	0.7	0.7	0.7
4	0.9	0.9	0.9	0.9	0.9	0.9	0.9	0.9	0.9	0.9
5	1.1	1.2	1.1	1.2	1.1	1.2	1.1	1.2	1.1	1.2
6	1.3	1.4	1.3	1.4	1.4	1.4	1.4	1.4	1.4	1.4
7	1.6	1.6	1.6	1.6	1.6	1.6	1.6	1.6	1.6	1.6
8	1.8	1.8	1.8	1.9	1.8	1.9	1.8	1.9	1.8	1.9
9	2.0	2.1	2.0	2.1	2.0	2.1	2.0	2.1	2.0	2.1
10	2.2	2.3	2.2	2.3	2.3	2.3	2.3	2.3	2.3	2.3
11	2.4	2.5	2.5	2.6	2.5	2.6	2.5	2.6	2.5	2.6
12	2.7	2.8	2.7	2.8	2.7	2.8	2.7	2.8	2.7	2.8
13	2.9	3.0	2.9	3.0	2.9	3.0	2.9	3.0	3.0	3.1
14	3.1	3.2	3.1	3.3	3.1	3.3	3.2	3.3	3.2	3.3
15	3.3	3.5	3.4	3.5	3.4	3.5	3.4	3.5	3.4	3.5
16	3.6	3.7	3.6	3.7	3.6	3.7	3.6	3.8	3.6	3.8
17	3.8	4.0	3.8	4.0	3.8	4.0	3.8	4.0	3.8	4.0
18	4.0	4.2	4.0	4.2	4.0	4.2	4.0	4.2	4.1	4.3
19	4.2	4.4	4.2	4.4	4.2	4.5	4.3	4.5	4.3	4.5
20	4.4	4.7	4.4	4.7	4.5	4.7	4.5	4.7	4.5	4.7
21	4.6	4.9	4.7	4.9	4.7	4.9	4.7	5.0	4.7	5.0
22	4.9	5.1	4.9	5.1	4.9	5.2	4.9	5.2	5.0	5.2
23	5.1	5.4	5.1	5.4	5.1	5.4	5.1	5.4	5.2	5.5
24	5.3	5.6	5.3	5.6	5.3	5.7	5.4	5.7	5.4	5.7
25	5.5	5.8	5.5	5.9	5.6	5.9	5.6	5.9	5.6	5.9
26	5.7	6.1	5.8	6.1	5.8	6.1	5.8	6.2	5.8	6.2
27	6.0	6.3	6.0	6.4	6.0	6.4	6.0	6.4	6.1	6.4
28	6.2	6.6	6.2	6.6	6.2	6.6	6.2	6.7	6.3	6.7
29	6.4	6.8	6.4	6.8	6.4	6.9	6.5	6.9	6.5	6.9
30	6.6	7.1	6.6	7.1	6.6	7.2	6.7	7.1	6.7	7.2
31	6.8	7.3	6.8	7.3	6.9	7.4	6.9	7.4	6.9	7.4
32	7.0	7.5	7.0	7.6	7.1	7.6	7.1	7.6	7.1	7.7
33	7.2	7.8	7.3	7.8	7.3	7.8	7.4	7.9	7.4	7.9
34	7.4	8.0	7.5	8.1	7.5	8.1	7.6	8.1	7.6	8.2
35	7.6	8.3	7.7	8.3	7.7	8.3	7.8	8.4	7.8	8.4
36	7.9	8.5	7.9	8.5	7.9	8.6	8.0	8.6	8.0	8.6
37	8.1	8.7	8.1	8.8	8.1	8.8	8.2	8.9	8.2	8.9
38	8.3	9.0	8.3	9.0	8.4	9.1	8.4	9.1	8.4	9.1
39	8.5	9.2	8.5	9.3	8.6	9.3	8.6	9.4	8.6	9.4
40	8.7	9.5	8.7	9.5	8.8	9.6	8.8	9.6	8.9	9.6

— 24°

	22″.6		22″.7		22″.8		22″.9		23″.0	
	+	−	+	−	+	−	+	−	+	−
′	″	″	″	″	″	″	″	″	″	″
41	8.9	9.7	9.0	9.8	9.0	9.8	9.0	9.9	9.1	9.9
42	9.1	10.0	9.2	10.0	9.2	10.1	9.2	10.1	9.3	10.2
43	9.3	10.2	9.4	10.3	9.4	10.3	9.5	10.4	9.5	10.4
44	9.5	10.5	9.6	10.5	9.6	10.6	9.7	10.6	9.7	10.7
45	9.7	10.7	9.8	10.8	9.8	10.8	9.9	10.9	9.9	10.9
46	9.9	11.0	10.0	11.0	10.0	11.1	10.1	11.1	10.1	11.2
47	10.1	11.2	10.2	11.3	10.2	11.3	10.3	11.4	10.3	11.4
48	10.4	11.5	10.4	11.5	10.5	11.6	10.5	11.6	10.5	11.7
49	10.6	11.7	10.6	11.8	10.7	11.8	10.7	11.9	10.8	11.9
50	10.8	12.0	10.8	12.0	10.9	12.1	10.9	12.1	11.0	12.2
51	11.0	12.2	11.0	12.3	11.1	12.3	11.1	12.4	11.2	12.4
52	11.2	12.5	11.2	12.5	11.3	12.6	11.3	12.7	11.4	12.7
53	11.4	12.7	11.4	12.8	11.5	12.9	11.5	12.9	11.6	13.0
54	11.6	13.0	11.6	13.1	11.7	13.1	11.7	13.2	11.8	13.2
55	11.8	13.3	11.8	13.3	11.9	13.4	11.9	13.4	12.0	13.5
56	12.0	13.5	12.0	13.6	12.1	13.6	12.2	13.7	12.2	13.7
57	12.2	13.8	12.2	13.8	12.3	13.9	12.4	13.9	12.4	14.0
58	12.4	14.0	12.5	14.1	12.5	14.1	12.6	14.2	12.6	14.3
59	12.6	14.3	12.7	14.3	12.7	14.4	12.8	14.5	12.8	14.5
60	12.8	14.5	12.9	14.6	12.9	14.7	13.0	14.7	13.0	14.8
61	13.0	14.8	13.1	14.9	13.1	14.9	13.2	15.0	13.2	15.0
62	13.2	15.1	13.3	15.1	13.3	15.2	13.4	15.3	13.4	15.3
63	13.4	15.3	13.5	15.4	13.5	15.5	13.6	15.5	13.6	15.6
64	13.6	15.6	13.7	15.7	13.7	15.7	13.8	15.8	13.8	15.8
65	13.8	15.9	13.9	15.9	13.9	16.0	14.0	16.0	14.0	16.1
66	14.0	16.1	14.1	16.2	14.1	16.2	14.2	16.3	14.3	16.4
67	14.2	16.4	14.3	16.4	14.3	16.5	14.4	16.6	14.5	16.6
68	14.4	16.6	14.5	16.7	14.5	16.8	14.6	16.8	14.7	16.9
69	14.6	16.9	14.7	17.0	14.7	17.0	14.8	17.1	14.9	17.2
70	14.8	17.2	14.9	17.2	14.9	17.3	15.0	17.4	15.1	17.4
71	15.0	17.4	15.1	17.5	15.1	17.6	15.2	17.6	15.3	17.7
72	15.2	17.7	15.2	17.8	15.3	17.8	15.4	17.9	15.5	18.0
73	15.4	18.0	15.4	18.0	15.5	18.1	15.6	18.2	15.7	18.3
74	15.6	18.2	15.6	18.3	15.7	18.4	15.8	18.5	15.9	18.6
75	15.8	18.5	15.8	18.6	15.9	18.6	16.0	18.7	16.1	18.8
76	15.9	18.8	16.0	18.8	16.1	18.9	16.2	19.0	16.3	19.1
77	16.1	19.0	16.2	19.1	16.3	19.2	16.4	19.3	16.5	19.3
78	16.3	19.3	16.4	19.4	16.5	19.5	16.6	19.5	16.6	19.6
79	16.5	19.6	16.6	19.6	16.7	19.7	16.8	19.8	16.8	19.9
80	16.7	19.8	16.8	19.9	16.9	20.0	17.0	20.1	17.0	20.2

— 24°

	23″.1		23″.2		23″.3		23″.4		23″.5	
	+	—	+	—	+	—	+	—	+	—
′	″	″	″	″	″	″	″	″	″	″
1	0.2	0.2	0.2	0.2	0.2	0.2	0.2	0.2	0.2	0.2
2	0.5	0.5	0.5	0.5	0.5	0.5	0.5	0.5	0.5	0.5
3	0.7	0.7	0.7	0.7	0.7	0.7	0.7	0.7	0.7	0.7
4	0.9	0.9	0.9	0.9	0.9	0.9	0.9	0.9	0.9	0.9
5	1.1	1.2	1.1	1.2	1.2	1.2	1.2	1.2	1.2	1.2
6	1.4	1.4	1.4	1.4	1.4	1.4	1.4	1.4	1.4	1.4
7	1.6	1.6	1.6	1.7	1.6	1.7	1.6	1.7	1.6	1.7
8	1.8	1.9	1.8	1.9	1.8	1.9	1.9	1.9	1.9	1.9
9	2.1	2.1	2.1	2.1	2.1	2.1	2.1	2.1	2.1	2.2
10	2.3	2.4	2.3	2.4	2.3	2.4	2.3	2.4	2.3	2.4
11	2.5	2.6	2.5	2.6	2.5	2.6	2.5	2.6	2.6	2.6
12	2.7	2.8	2.7	2.8	2.8	2.9	2.8	2.9	2.8	2.9
13	3.0	3.1	3.0	3.1	3.0	3.1	3.0	3.1	3.0	3.1
14	3.2	3.3	3.2	3.3	3.2	3.3	3.2	3.4	3.2	3.4
15	3.4	3.6	3.4	3.6	3.4	3.6	3.5	3.6	3.5	3.6
16	3.6	3.8	3.7	3.8	3.7	3.8	3.7	3.8	3.7	3.9
17	3.9	4.0	3.9	4.0	3.9	4.1	3.9	4.1	3.9	4.1
18	4.1	4.3	4.1	4.3	4.1	4.3	4.1	4.3	4.2	4.4
19	4.3	4.5	4.3	4.5	4.3	4.6	4.4	4.6	4.4	4.6
20	4.5	4.8	4.5	4.8	4.6	4.8	4.6	4.8	4.6	4.8
21	4.8	5.0	4.8	5.0	4.8	5.0	4.8	5.1	4.8	5.1
22	5.0	5.2	5.0	5.3	5.0	5.3	5.0	5.3	5.1	5.3
23	5.2	5.5	5.2	5.5	5.2	5.5	5.3	5.6	5.3	5.6
24	5.4	5.7	5.4	5.8	5.5	5.8	5.5	5.8	5.5	5.8
25	5.6	6.0	5.7	6.0	5.7	6.0	5.7	6.0	5.7	6.1
26	5.9	6.2	5.9	6.2	5.9	6.3	5.9	6.3	6.0	6.3
27	6.1	6.5	6.1	6.5	6.1	6.5	6.2	6.5	6.2	6.6
28	6.3	6.7	6.3	6.7	6.3	6.8	6.4	6.8	6.4	6.8
29	6.5	6.9	6.5	7.0	6.6	7.0	6.6	7.0	6.6	7.1
30	6.7	7.2	6.8	7.2	6.8	7.3	6.8	7.3	6.9	7.3
31	7.0	7.5	7.0	7.5	7.0	7.5	7.1	7.5	7.1	7.6
32	7.2	7.7	7.2	7.7	7.2	7.8	7.3	7.8	7.3	7.8
33	7.4	7.9	7.4	8.0	7.5	8.0	7.5	8.0	7.5	8.1
34	7.6	8.2	7.6	8.2	7.7	8.3	7.7	8.3	7.7	8.3
35	7.8	8.4	7.9	8.5	7.9	8.5	7.9	8.5	8.0	8.6
36	8.0	8.7	8.1	8.7	8.1	8.8	8.1	8.8	8.2	8.8
37	8.3	8.9	8.3	9.0	8.3	9.0	8.4	9.1	8.4	9.1
38	8.5	9.2	8.5	9.2	8.5	9.3	8.6	9.3	8.6	9.3
39	8.7	9.4	8.7	9.5	8.8	9.5	8.8	9.6	8.8	9.6
40	8.9	9.7	8.9	9.7	9.0	9.8	9.0	9.8	9.1	9.8

— 24°

	23″.1		23″.2		23″.3		23″.4		23″.5	
	+	−	+	−	+	−	+	−	+	−
′	″	″	″	″	″	″	″	″	″	″
41	9.1	9.9	9.2	10.0	9.2	10.0	9.2	10.1	9.3	10.1
42	9.3	10.2	9.4	10.2	9.4	10.3	9.4	10.3	9.5	10.4
43	9.5	10.5	9.6	10.5	9.6	10.5	9.7	10.6	9.7	10.6
44	9.8	10.7	9.8	10.7	9.8	10.8	9.9	10.8	9.9	10.9
45	10.0	10.0	10.0	11.0	10.1	11.0	10.1	11.1	10.1	11.1
46	10.2	11.2	10.2	11.3	10.3	11.3	10.3	11.4	10.4	11.4
47	10.4	11.5	10.4	11.5	10.5	11.6	10.5	11.6	10.6	11.7
48	10.6	11.7	10.7	11.8	10.7	11.8	10.7	11.9	10.8	11.9
49	10.8	12.0	10.9	12.0	10.9	12.1	11.0	12.1	11.0	12.2
50	11.0	12.2	11.1	12.3	11.1	12.3	11.2	12.4	11.2	12.4
51	11.2	12.5	11.3	12.5	11.3	12.6	11.4	12.7	11.4	12.7
52	11.4	12.8	11.5	12.8	11.5	12.9	11.6	12.9	11.6	13.0
53	11.6	13.0	11.7	13.1	11.8	13.1	11.8	13.2	11.8	13.2
54	11.8	13.3	11.9	13.3	12.0	13.4	12.0	13.4	12.1	13.5
55	12.1	13.5	12.1	13.6	12.2	13.6	12.2	13.7	12.3	13.8
56	12.3	13.8	12.3	13.9	12.4	13.9	12.4	14.0	12.5	14.0
57	12.5	14.1	12.5	14.1	12.6	14.2	12.6	14.2	12.7	14.3
58	12.7	14.3	12.7	14.4	12.8	14.4	12.9	14.5	12.9	14.6
59	12.9	14.6	12.9	14.6	13.0	14.7	13.1	14.8	13.1	14.8
60	13.1	14.9	13.1	14.9	13.2	15.0	13.3	15.0	13.3	15.1
61	13.3	15.1	13.4	15.2	13.4	15.2	13.5	15.3	13.5	15.4
62	13.5	15.4	13.6	15.4	13.6	15.5	13.7	15.6	13.7	15.6
63	13.7	15.6	13.8	15.7	13.8	15.8	13.9	15.8	13.9	15.9
64	13.9	15.9	14.0	16.0	14.0	16.0	14.1	16.1	14.2	16.2
65	14.1	16.2	14.2	16.2	14.2	16.3	14.3	16.4	14.4	16.4
66	14.3	16.4	14.4	16.5	14.5	16.6	14.5	16.6	14.6	16.7
67	14.5	16.7	14.6	16.8	14.7	16.8	14.7	16.9	14.8	17.0
68	14.7	17.0	14.8	17.0	14.9	17.1	14.9	17.2	15.0	17.2
69	14.9	17.2	15.0	17.3	15.1	17.4	15.1	17.5	15.2	17.5
70	15.1	17.5	15.2	17.6	15.3	17.7	15.3	17.7	15.4	17.8
71	15.3	17.8	15.4	17.9	15.5	17.9	15.5	18.0	15.6	18.1
72	15.5	18.1	15.6	18.1	15.7	18.2	15.7	18.3	15.8	18.4
73	15.7	18.3	15.8	18.4	15.9	18.5	15.9	18.5	16.0	18.6
74	15.9	18.6	16.0	18.7	16.1	18.8	16.2	18.8	16.2	18.9
75	16.1	18.9	16.2	18.9	16.3	19.0	16.4	19.1	16.4	19.2
76	16.3	19.1	16.4	19.2	16.5	19.3	16.6	19.4	16.6	19.4
77	16.5	19.4	16.6	19.5	16.7	19.6	16.8	19.6	16.8	19.7
78	16.7	19.7	16.8	19.8	16.9	19.8	17.0	19.9	17.0	20.0
79	16.9	20.0	17.0	20.0	17.1	20.1	17.2	20.2	17.2	20.3
80	17.1	20.2	17.2	20.3	17.3	20.4	17.4	20.5	17.4	20.6

— 24°

	23″.6		23″.7		23″.8		23″.9		24″.0	
—	+	—	+	—	+	—	+	—	+	—
′	″	″	″	″	″	″	″	″	″	″
1	0.2	0.2	0.2	0.2	0.2	0.2	0.2	0.2	0.2	0.2
2	0.5	0.5	0.5	0.5	0.5	0.5	0.5	0.5	0.5	0.5
3	0.7	0.7	0.7	0.7	0.7	0.7	0.7	0.7	0.7	0.7
4	0.9	1.0	0.9	1.0	1.0	1.0	1.0	1.0	1.0	1.0
5	1.2	1.2	1.2	1.2	1.2	1.2	1.2	1.2	1.2	1.2
6	1.4	1.4	1.4	1.4	1.4	1.4	1.4	1.5	1.4	1.5
7	1.6	1.7	1.6	1.7	1.6	1.7	1.7	1.7	1.7	1.7
8	1.9	1.9	1.9	1.9	1.9	1.9	1.9	2.0	1.9	2.0
9	2.1	2.2	2.1	2.2	2.1	2.2	2.1	2.2	2.1	2.2
10	2.3	2.4	2.3	2.4	2.4	2.4	2.4	2.4	2.4	2.4
11	2.6	2.7	2.6	2.7	2.6	2.7	2.6	2.7	2.6	2.7
12	2.8	2.9	2.8	2.9	2.8	2.9	2.8	2.9	2.8	2.9
13	3.0	3.1	3.0	3.2	3.1	3.2	3.1	3.2	3.1	3.2
14	3.3	3.4	3.3	3.4	3.3	3.4	3.3	3.4	3.3	3.4
15	3.5	3.6	3.5	3.6	3.5	3.7	3.5	3.7	3.6	3.7
16	3.7	3.9	3.7	3.9	3.7	3.9	3.8	3.9	3.8	3.9
17	3.9	4.1	4.0	4.1	4.0	4.2	4.0	4.2	4.0	4.2
18	4.2	4.4	4.2	4.4	4.2	4.4	4.2	4.4	4.2	4.4
19	4.4	4.6	4.4	4.6	4.4	4.7	4.5	4.7	4.5	4.7
20	4.6	4.9	4.6	4.9	4.7	4.9	4.7	4.9	4.7	4.9
21	4.9	5.1	4.9	5.1	4.9	5.1	4.9	5.2	4.9	5.2
22	5.1	5.3	5.1	5.4	5.1	5.4	5.1	5.4	5.2	5.4
23	5.3	5.6	5.3	5.6	5.3	5.6	5.4	5.7	5.4	5.7
24	5.5	5.8	5.6	5.9	5.6	5.9	5.6	5.9	5.6	5.9
25	5.8	6.1	5.8	6.1	5.8	6.1	5.8	6.2	5.9	6.2
26	6.0	6.4	6.0	6.4	6.1	6.4	6.2	6.4	6.1	6.5
27	6.2	6.6	6.2	6.6	6.3	6.7	6.3	6.7	6.3	6.7
28	6.4	6.8	6.5	6.9	6.5	6.9	6.5	6.9	6.6	7.0
29	6.7	7.1	6.7	7.1	6.7	7.2	6.8	7.2	6.8	7.2
30	6.9	7.3	6.9	7.4	6.9	7.4	7.0	7.4	7.0	7.5
31	7.1	7.6	7.1	7.6	7.2	7.7	7.2	7.7	7.2	7.7
32	7.3	7.9	7.4	7.9	7.4	7.9	7.4	7.9	7.5	8.0
33	7.6	8.1	7.6	8.1	7.6	8.2	7.6	8.2	7.7	8.2
34	7.8	8.4	7.9	8.4	7.9	8.4	7.9	8.5	7.9	8.5
35	8.0	8.6	8.0	8.6	8.1	8.7	8.1	8.7	8.1	8.7
36	8.2	8.9	8.3	8.9	8.3	8.9	8.3	9.0	8.4	9.0
37	8.4	9.1	8.5	9.2	8.5	9.2	8.6	9.2	8.6	9.3
38	8.7	9.4	8.7	9.4	8.7	9.5	8.8	9.5	8.8	9.5
39	8.9	9.6	8.9	9.7	9.0	9.7	9.0	9.8	9.0	9.8
40	9.1	9.9	9.1	9.9	9.2	10.0	9.2	10.0	9.3	10.0

— 24°

	23″.6		23″.7		23″.8		23″.9		24″.0	
	+	−	+	−	+	−	+	−	+	−
′	″	″	″	″	″	″	″	″	″	″
41	9.3	10.1	9.4	10.2	9.4	10.2	9.4	10.3	9.5	10.3
42	9.5	10.4	9.6	10.4	9.6	10.5	9.7	10.5	9.7	10.6
43	9.8	10.7	9.8	10.7	9.8	10.8	9.9	10.8	9.9	10.8
44	10.0	10.9	10.0	11.0	10.1	11.0	10.1	11.1	10.1	11.1
45	10.2	11.2	10.2	11.2	10.3	11.3	10.3	11.3	10.4	11.4
46	10.4	11.4	10.5	11.5	10.5	11.5	10.5	11.6	10.6	11.6
47	10.6	11.7	10.7	11.7	10.7	11.8	10.8	11.8	10.8	11.9
48	10.8	12.0	10.9	12.0	10.9	12.1	11.0	12.1	11.0	12.2
49	11.1	12.2	11.1	12.3	11.1	12.3	11.2	12.4	11.2	12.4
50	11.3	12.5	11.3	12.5	11.4	12.6	11.4	12.6	11.5	12.7
51	11.5	12.8	11.5	12.8	11.6	12.9	11.6	12.9	11.7	13.0
52	11.7	13.0	11.8	13.1	11.8	13.1	11.9	13.2	11.9	13.2
53	11.9	13.3	12.0	13.3	12.0	13.4	12.1	13.4	12.1	13.5
54	12.1	13.5	12.2	13.6	12.2	13.7	12.3	13.7	12.3	13.8
55	12.3	13.8	12.4	13.9	12.4	13.9	12.5	14.0	12.6	14.0
56	12.5	14.1	12.6	14.1	12.7	14.2	12.7	14.2	12.8	14.3
57	12.8	14.3	12.8	14.4	12.9	14.5	12.9	14.5	13.0	14.6
58	13.0	14.6	13.0	14.7	13.1	14.7	13.1	14.8	13.2	14.8
59	13.2	14.9	13.2	14.9	13.3	15.0	13.4	15.1	13.4	15.1
60	13.4	15.1	13.4	15.2	13.5	15.3	13.5	15.3	13.6	15.4
61	13.6	15.4	13.7	15.5	13.7	15.5	13.8	15.6	13.8	15.7
62	13.8	15.7	13.9	15.8	13.9	15.8	14.0	15.9	14.1	15.9
63	14.0	16.0	14.1	16.0	14.1	16.1	14.2	16.1	14.3	16.2
64	14.2	16.2	14.3	16.3	14.4	16.4	14.4	16.4	14.5	16.5
65	14.4	16.5	14.5	16.6	14.6	16.6	14.6	16.7	14.7	16.8
66	14.6	16.8	14.7	16.8	14.8	16.9	14.8	17.0	14.9	17.0
67	14.9	17.0	14.9	17.1	15.0	17.2	15.1	17.2	15.1	17.3
68	15.1	17.3	15.1	17.4	15.2	17.5	15.3	17.5	15.3	17.6
69	15.3	17.6	15.3	17.7	15.4	17.7	15.5	17.8	15.5	17.9
70	15.5	17.9	15.5	17.9	15.6	18.0	15.7	18.1	15.8	18.1
71	15.7	18.1	15.8	18.2	15.8	18.3	15.9	18.3	16.0	18.4
72	15.9	18.4	16.0	18.5	16.0	18.6	16.1	18.6	16.2	18.7
73	16.1	18.7	16.2	18.8	16.2	18.8	16.3	18.9	16.4	19.0
74	16.3	19.0	16.4	19.0	16.5	19.1	16.5	19.2	16.6	19.3
75	16.5	19.2	16.5	19.3	16.6	19.3	16.7	19.4	16.8	19.5
76	16.7	19.5	16.8	19.6	16.9	19.7	16.9	19.7	17.0	19.8
77	16.9	19.8	17.0	19.9	17.1	20.0	17.1	20.0	17.2	20.1
78	17.1	20.1	17.2	20.2	17.3	20.2	17.3	20.3	17.4	20.4
79	17.3	20.4	17.4	20.4	17.5	20.5	17.6	20.6	17.6	20.7
80	17.5	20.6	17.6	20.7	17.7	20.8	17.8	20.9	17.8	21.0

	— 24°						— 26°			
	24".1		24".2		24".3		28".4		28".5	
	+	−	+	−	+	−	+	−	+	−
′	″	″	″	″	″	″	″	″	″	″
1	0.2	0.2	0.2	0.2	0.2	0.2	0.3	0.3	0.3	0.3
2	0.5	0.5	0.5	0.5	0.5	0.5	0.6	0.6	0.6	0.6
3	0.7	0.7	0.7	0.7	0.7	0.9	0.8	0.9	0.9	0.9
4	1.0	1.0	1.0	1.0	1.0	1.0	1.1	1.1	1.1	1.2
5	1.2	1.2	1.2	1.2	1.2	1.2	1.4	1.4	1.4	1.4
6	1.4	1.5	1.4	1.5	1.4	1.5	1.7	1.7	1.7	1.7
7	1.7	1.7	1.7	1.7	1.7	1.7	2.0	2.0	2.0	2.0
8	1.9	2.0	1.9	2.0	1.9	2.0	2.3	2.3	2.3	2.3
9	2.1	2.2	2.2	2.2	2.2	2.2	2.5	2.6	2.5	2.6
10	2.4	2.5	2.4	2.5	2.4	2.5	2.8	2.9	2.8	2.9
11	2.6	2.7	2.6	2.7	2.6	2.7	3.1	3.2	3.1	3.2
12	2.9	3.0	2.9	3.0	2.9	3.0	3.4	3.5	3.4	3.5
13	3.1	3.2	3.1	3.2	3.1	3.2	3.7	3.8	3.7	3.8
14	3.3	3.5	3.3	3.5	3.4	3.5	3.9	4.1	3.9	4.1
15	3.6	3.7	3.6	3.7	3.6	3.7	4.2	4.4	4.2	4.4
16	3.8	4.0	3.8	4.0	3.8	4.4	4.5	4.7	4.5	4.7
17	4.0	4.2	4.0	4.2	4.1	4.2	4.8	5.0	4.8	5.0
18	4.3	4.5	4.3	4.5	4.3	4.5	5.0	5.3	5.0	5.3
19	4.5	4.7	4.5	4.7	4.5	4.7	5.3	5.6	5.3	5.6
20	4.7	5.0	4.7	5.0	4.8	5.0	5.6	5.8	5.6	5.9
21	5.0	5.2	5.0	5.2	5.0	5.3	5.8	6.1	5.9	6.2
22	5.2	5.5	5.2	5.5	5.2	5.5	6.1	6.5	6.1	6.5
23	5.4	5.7	5.4	5.7	5.5	5.8	6.4	6.8	6.4	6.8
24	5.7	6.0	5.7	6.0	5.7	6.0	6.7	7.1	6.7	7.1
25	5.9	6.2	5.9	6.2	5.9	6.3	6.9	7.4	7.0	7.4
26	6.1	6.5	6.2	6.5	6.2	6.5	7.2	7.7	7.2	7.7
27	6.4	6.7	6.4	6.8	6.4	6.8	7.5	8.0	7.5	8.0
28	6.6	7.0	6.6	7.0	6.6	7.0	7.7	8.3	7.8	8.3
29	6.8	7.2	6.8	7.3	6.9	7.3	8.0	8.6	8.0	8.6
30	7.0	7.5	7.1	7.5	7.1	7.6	8.3	8.9	8.3	8.9
31	7.3	7.8	7.3	7.8	7.3	7.8	8.5	9.2	8.6	9.2
32	7.5	8.0	7.5	8.0	7.6	8.1	8.8	9.5	8.8	9.5
33	7.7	8.3	7.8	8.3	7.8	8.3	9.1	9.8	9.1	9.8
34	7.9	8.5	8.0	8.6	8.0	8.6	9.3	10.1	9.4	10.2
35	8.2	8.8	8.2	8.8	8.2	8.9	9.6	10.4	9.6	10.5
36	8.4	9.0	8.4	9.1	8.5	9.1	9.8	10.7	9.9	10.8
37	8.6	9.3	8.7	9.3	8.7	9.4	10.1	11.1	10.1	11.1
38	8.8	9.6	8.9	9.6	8.9	9.6	10.4	11.4	10.4	11.4
39	9.1	9.8	9.1	9.9	9.2	9.9	10.6	11.7	10.7	11.7
40	9.3	10.1	9.3	10.1	9.4	10.2	10.9	12.0	10.9	12.0

	— 24°						— 26°			
	24″.1		24″.2		24″.3		28″.4		28″.5	
	+	—	+	—	+	—	+	—	+	—
41′	9.5″	10.4″	9.6″	10.4″	9.6″	10.4″	11.2″	12.3″	11.2″	12.4″
42	9.7	10.6	9.8	10.7	9.8	10.7	11.4	12.6	11.5	12.7
43	10.0	10.9	10.0	10.9	10.1	11.0	11.7	12.9	11.7	13.0
44	10.2	11.1	10.2	11.2	10.3	11.2	11.9	13.3	12.0	13.3
45	10.4	11.4	10.5	11.5	10.5	11.5	12.2	13.6	12.2	13.6
46	10.6	11.7	10.7	11.7	10.7	11.8	12.4	13.9	12.5	14.0
47	10.9	11.9	10.9	12.0	11.0	12.0	12.7	14.2	12.7	14.3
48	11.1	12.2	11.1	12.3	11.2	12.3	13.0	14.5	13.0	14.6
49	11.3	12.5	11.3	12.5	11.4	12.6	13.2	14.9	13.3	14.9
50	11.5	12.7	11.6	12.8	11.6	12.8	13.5	15.2	13.5	15.2
51	11.7	13.0	11.8	13.1	11.8	13.1	13.7	15.5	13.8	15.6
52	12.0	13.3	12.0	13.3	12.1	13.4	14.0	15.8	14.0	15.9
53	12.2	13.5	12.2	13.6	12.3	13.6	14.2	16.2	14.3	16.2
54	12.4	13.8	12.4	13.9	12.5	13.9	14.5	16.5	14.5	16.6
55	12.6	14.1	12.7	14.1	12.7	14.2	14.7	16.8	14.8	16.9
56	12.8	14.4	12.9	14.4	12.9	14.5	15.0	17.2	15.0	17.2
57	13.0	14.6	13.1	14.7	13.2	14.7	15.2	17.5	15.3	17.6
58	13.3	14.9	13.3	15.0	13.4	15.0	15.5	17.8	15.5	17.9
59	13.5	15.2	13.5	15.2	13.6	15.3	15.7	18.2	15.8	18.2
60	13.7	15.4	13.7	15.5	13.8	15.6	16.0	18.5	16.0	18.5
61	13.9	15.7	14.0	15.8	14.0	15.8	16.2	18.8	16.3	18.9
62	14.1	16.0	14.2	16.1	14.2	16.1	16.5	19.2	16.5	19.2
63	14.3	16.3	14.4	16.3	14.5	16.4	16.7	19.5	16.8	19.6
64	14.5	16.5	14.6	16.6	14.7	16.7	17.0	19.8	17.0	19.9
65	14.8	16.8	14.8	16.9	14.9	17.0	17.2	20.2	17.3	20.2
66	15.0	17.1	15.0	17.2	15.1	17.2	17.4	20.5	17.5	20.6
67	15.2	17.4	15.3	17.5	15.3	17.5	17.7	20.8	17.7	20.9
68	15.4	17.7	15.5	17.7	15.5	17.8	17.9	21.2	18.0	21.2
69	15.6	17.9	15.7	18.0	15.8	18.1	18.2	21.5	18.2	21.6
70	15.8	18.2	15.9	18.3	16.0	18.4	18.4	21.9	18.5	21.9
71	16.0	18.5	16.1	18.6	16.2	18.6	18.6	22.2	18.7	22.3
72	16.3	18.8	16.3	18.9	16.4	18.9	18.9	22.5	19.0	22.6
73	16.5	19.1	16.5	19.1	16.6	19.2	19.1	22.9	19.2	23.0
74	16.7	19.3	16.7	19.4	16.8	19.5	19.4	23.2	19.4	23.3
75	16.9	19.6	17.0	19.7	17.0	19.8	19.6	23.6	19.7	23.6
76	17.1	19.9	17.2	20.0	17.2	20.1	19.8	23.9	19.9	24.0
77	17.3	20.2	17.4	20.3	17.5	20.3	20.1	24.3	20.1	24.3
78	17.5	20.5	17.6	20.5	17.7	20.6	20.3	24.6	20.4	24.7
79	17.7	20.8	17.8	20.8	17.9	20.9	20.6	25.0	20.6	25.0
80	17.9	21.0	18.0	21.1	18.1	21.2	20.8	25.3	20.9	25.4

	— 26°									
	28″.6		28″.7		28″.8		28″.9		29″.0	
	+	−	+	−	+	−	+	−	+	−
′	″	″	″	″	″	″	″	″	″	″
1	0.3	0.3	0.3	0.3	0.3	0.3	0.3	0.3	0.3	0.3
2	0.6	0.6	0.6	0.6	0.6	0.6	0.6	0.6	0.6	0.6
3	0.8	0.9	0.9	0.9	0.9	0.9	0.9	0.9	0.9	0.9
4	1.1	1.2	1.1	1.2	1.1	1.2	1.1	1.2	1.2	1.2
5	1.4	1.4	1.4	1.5	1.4	1.5	1.4	1.5	1.4	1.5
6	1.7	1.7	1.7	1.7	1.7	1.7	1.7	1.8	1.7	1.8
7	2.0	2.0	2.0	2.0	2.0	2.0	2.0	2.0	2.0	2.1
8	2.3	2.3	2.3	2.3	2.3	2.3	2.3	2.3	2.3	2.4
9	2.6	2.6	2.6	2.6	2.6	2.6	2.6	2.6	2.6	2.7
10	2.8	2.9	2.9	2.9	2.9	2.9	2.9	2.9	2.9	2.9
11	3.1	3.2	3.1	3.2	3.1	3.2	3.2	3.2	3.2	3.2
12	3.4	3.5	3.4	3.5	3.4	3.5	3.4	3.5	3.4	3.5
13	3.7	3.8	3.7	3.8	3.7	3.8	3.7	3.8	3.7	3.8
14	4.0	4.1	4.0	4.1	4.0	4.1	4.0	4.1	4.0	4.1
15	4.2	4.4	4.3	4.4	4.3	4.4	4.3	4.4	4.3	4.4
16	4.5	4.7	4.5	4.7	4.5	4.7	4.6	4.7	4.6	4.8
17	4.8	5.0	4.8	5.0	4.8	5.0	4.8	5.0	4.9	5.1
18	5.1	5.3	5.1	5.3	5.1	5.3	5.1	5.3	5.1	5.4
19	5.3	5.6	5.4	5.6	5.4	5.6	5.4	5.6	5.4	5.7
20	5.6	5.9	5.6	5.9	5.7	5.9	5.7	5.9	5.7	6.0
21	5.9	6.2	5.9	6.2	6.0	6.3	6.0	6.3	6.0	6.3
22	6.2	6.5	6.2	6.5	6.2	6.6	6.2	6.6	6.3	6.6
23	6.4	6.8	6.5	6.8	6.5	6.9	6.5	6.9	6.5	6.9
24	6.7	7.1	6.7	7.1	6.8	7.2	6.8	7.2	6.8	7.2
25	7.0	7.4	7.0	7.4	7.0	7.5	7.1	7.5	7.1	7.5
26	7.3	7.7	7.3	7.7	7.3	7.8	7.3	7.8	7.4	7.8
27	7.5	8.0	7.5	8.0	7.6	8.1	7.6	8.1	7.6	8.1
28	7.8	8.3	7.8	8.3	7.9	8.4	7.9	8.4	7.9	8.4
29	8.1	8.6	8.1	8.7	8.1	8.7	8.2	8.7	8.2	8.8
30	8.3	8.9	8.4	9.0	8.4	9.0	8.4	9.0	8.4	9.1
31	8.6	9.3	8.6	9.3	8.7	9.3	8.7	9.3	8.7	9.4
32	8.9	9.6	8.9	9.6	8.9	9.6	9.0	9.7	9.0	9.7
33	9.1	9.9	9.2	9.9	9.2	9.9	9.2	10.0	9.3	10.0
34	9.4	10.2	9.4	10.2	9.5	10.3	9.5	10.3	9.5	10.3
35	9.7	10.5	9.7	10.5	9.7	10.6	9.8	10.6	9.8	10.6
36	9.9	10.8	9.9	10.8	10.0	10.9	10.0	10.9	10.1	11.0
37	10.2	11.1	10.2	11.2	10.3	11.2	10.3	11.2	10.3	11.3
38	10.4	11.4	10.5	11.5	10.5	11.5	10.6	11.6	10.6	11.6
39	10.7	11.8	10.7	11.8	10.8	11.8	10.8	11.9	10.9	11.9
40	11.0	12.1	11.0	12.1	11.0	12.2	11.1	12.2	11.1	12.2

— 26°

	28″.6		28″.7		28″.8		28″.9		29″.0	
	+	−	+	−	+	−	+	−	+	−
′	″	″	″	″	″	″	″	″	″	″
41	11.2	12.4	11.3	12.4	11.3	12.5	11.4	12.5	11.4	12.6
42	11.5	12.7	11.5	12.8	11.6	12.8	11.6	12.8	11.7	12.9
43	11.8	13.0	11.8	13.1	11.8	13.1	11.9	13.2	11.9	13.2
44	12.0	13.3	12.1	13.4	12.1	13.4	12.1	13.5	12.2	13.5
45	12.3	13.7	12.3	13.7	12.4	13.8	12.4	13.8	12.4	13.9
46	12.5	14.0	12.6	14.0	12.6	14.1	12.7	14.1	12.7	14.2
47	12.8	14.3	12.8	14.4	12.9	14.4	12.9	14.5	13.0	14.5
48	13.0	14.6	13.1	14.7	13.1	14.7	13.2	14.8	13.2	14.8
49	13.3	15.0	13.3	15.0	13.4	15.1	13.5	15.1	13.5	15.2
50	13.6	15.3	13.6	15.3	13.7	15.4	13.7	15.4	13.8	15.5
51	13.8	15.6	13.9	15.7	13.9	15.7	14.0	15.8	14.0	15.8
52	14.1	16.0	14.1	16.0	14.2	16.1	14.2	16.1	14.3	16.2
53	14.3	16.3	14.4	16.3	14.4	16.4	14.5	16.4	14.5	16.5
54	14.6	16.6	14.6	16.7	14.7	16.7	14.7	16.8	14.8	16.8
55	14.8	16.9	14.9	17.0	14.9	17.1	15.0	17.1	15.0	17.2
56	15.1	17.3	15.1	17.3	15.2	17.4	15.2	17.4	15.3	17.5
57	15.3	17.6	15.4	17.7	15.4	17.7	15.5	17.8	15.6	17.8
58	15.6	17.9	15.6	18.0	15.7	18.0	15.7	18.1	15.8	18.2
59	15.8	18.3	15.9	18.3	15.9	18.4	16.0	18.4	16.1	18.5
60	16.1	18.6	16.1	18.7	16.2	18.7	16.3	18.8	16.3	18.8
61	16.3	18.9	16.4	19.0	16.4	19.1	16.5	19.1	16.6	19.2
62	16.6	19.3	16.6	19.3	16.7	19.4	16.8	19.5	16.8	19.5
63	16.8	19.6	16.9	19.7	17.0	19.7	17.0	19.8	17.1	19.9
64	17.1	20.0	17.1	20.0	17.2	20.1	17.3	20.1	17.3	20.2
65	17.3	20.3	17.4	20.4	17.5	20.4	17.5	20.5	17.6	20.6
66	17.6	20.6	17.6	20.7	17.7	20.8	17.8	20.8	17.8	20.9
67	17.8	21.0	17.9	21.0	17.9	21.1	18.0	21.2	18.1	21.2
68	18.0	21.3	18.1	21.4	18.2	21.5	18.3	21.5	18.3	21.6
69	18.3	21.7	18.4	21.7	18.4	21.8	18.5	21.9	18.6	21.9
70	18.5	22.0	18.6	22.1	18.7	22.1	18.8	22.2	18.8	22.3
71	18.8	22.3	18.9	22.4	18.9	22.5	19.0	22.6	19.1	22.6
72	19.0	22.7	19.1	22.8	19.2	22.8	19.2	22.9	19.3	23.0
73	19.3	23.0	19.3	23.1	19.4	23.2	19.5	23.2	19.6	23.3
74	19.5	23.4	19.6	23.4	19.7	23.5	19.7	23.6	19.8	23.7
75	19.7	23.7	19.8	23.8	19.9	23.9	20.0	24.0	20.0	24.0
76	20.0	24.1	20.1	24.1	20.1	24.2	20.2	24.3	20.3	24.4
77	20.2	24.4	20.3	24.5	20.4	24.6	20.4	24.6	20.5	24.7
78	20.5	24.8	20.5	24.8	20.6	24.9	20.7	25.0	20.8	25.1
79	20.7	25.1	20.8	25.2	20.9	25.3	20.9	25.4	21.0	25.4
80	20.9	25.5	21.0	25.5	21.1	25.6	21.2	25.7	21.3	25.8

— 36°

′	29″.1 +	29″.1 −	29″.2 +	29″.2 −	29″.3 +	29″.3 −	29″.4 +	29″.4 −	29″.5 +	29″.5 −
	″	″	″	″	″	″	″	″	″	″
1	0.3	0.3	0.3	0.3	0.3	0.3	0.3	0.3	0.3	0.3
2	0.6	0.6	0.6	0.6	0.6	0.6	0.6	0.6	0.6	0.6
3	0.9	0.9	0.9	0.9	0.9	0.9	0.9	0.9	0.9	0.9
4	1.2	1.2	1.2	1.2	1.2	1.2	1.2	1.2	1.2	1.2
5	1.4	1.5	1.5	1.5	1.5	1.5	1.5	1.5	1.5	1.5
6	1.7	1.8	1.7	1.8	1.8	1.8	1.8	1.8	1.8	1.8
7	2.0	2.1	2.0	2.1	2.0	2.1	2.0	2.1	2.1	2.1
8	2.3	2.4	2.3	2.4	2.3	2.4	2.3	2.4	2.4	2.4
9	2.6	2.7	2.6	2.7	2.6	2.7	2.6	2.7	2.6	2.7
10	2.9	3.0	2.9	3.0	2.9	3.0	2.9	3.0	2.9	3.0
11	3.2	3.3	3.2	3.3	3.2	3.3	3.2	3.3	3.2	3.3
12	3.5	3.6	3.5	3.6	3.5	3.6	3.5	3.6	3.5	3.6
13	3.7	3.9	3.8	3.9	3.8	3.9	3.8	3.9	3.8	3.9
14	4.0	4.2	4.0	4.2	4.1	4.2	4.1	4.2	4.1	4.2
15	4.3	4.5	4.3	4.5	4.3	4.5	4.4	4.5	4.4	4.5
16	4.6	4.8	4.6	4.8	4.6	4.8	4.6	4.8	4.7	4.8
17	4.9	5.1	4.9	5.1	4.9	5.1	4.9	5.0	4.9	5.1
18	5.2	5.4	5.2	5.4	5.2	5.4	5.2	5.4	5.2	5.4
19	5.4	5.7	5.5	5.7	5.5	5.7	5.5	5.7	5.5	5.8
20	5.7	6.0	5.7	6.0	5.8	6.0	5.8	6.0	5.8	6.1
21	6.0	6.3	6.0	6.3	6.0	6.3	6.1	6.4	6.1	6.4
22	6.3	6.6	6.3	6.6	6.3	6.6	6.3	6.7	6.4	6.7
23	6.6	6.9	6.6	6.9	6.6	7.0	6.6	7.0	6.6	7.0
24	6.8	7.2	6.9	7.2	6.9	7.3	6.9	7.3	6.9	7.3
25	7.1	7.5	7.1	7.6	7.2	7.6	7.2	7.6	7.2	7.6
26	7.4	7.8	7.4	7.9	7.4	7.9	7.5	7.9	7.5	7.9
27	7.7	8.2	7.7	8.2	7.7	8.2	7.7	8.2	7.8	8.3
28	7.9	8.5	8.0	8.5	8.0	8.5	8.0	8.5	8.1	8.6
29	8.2	8.8	8.2	8.8	8.3	8.8	8.3	8.9	8.3	8.9
30	8.5	9.1	8.5	9.1	8.5	9.2	8.6	9.2	8.6	9.2
31	8.7	9.4	8.8	9.4	8.8	9.5	8.8	9.5	8.9	9.5
32	9.0	9.7	9.1	9.8	9.1	9.8	9.1	9.8	9.2	9.9
33	9.3	10.0	9.3	10.1	9.4	10.1	9.4	10.1	9.4	10.2
34	9.6	10.4	9.6	10.4	9.6	10.4	9.7	10.5	9.7	10.5
35	9.8	10.7	9.9	10.7	9.9	10.7	9.9	10.8	10.0	10.8
36	10.1	11.0	10.1	11.0	10.2	11.1	10.2	11.1	10.2	11.1
37	10.4	11.3	10.4	11.4	10.4	11.4	10.5	11.4	10.5	11.5
38	10.6	11.6	10.7	11.7	10.7	11.7	10.8	11.8	10.8	11.8
39	10.9	12.0	10.9	12.0	11.0	12.0	11.0	12.1	11.1	12.1
40	11.2	12.3	11.2	12.3	11.3	12.4	11.3	12.4	11.3	12.4

— 26°

	29''.1		29''.2		29''.3		29''.4		29''.5	
	+	−	+	−	+	−	+	−	+	−
'	''	''	''	''	''	''	''	''	''	''
41	11.4	12.6	11.5	12.6	11.5	12.7	11.6	12.7	11.6	12.8
42	11.7	12.9	11.7	13.0	11.8	13.0	11.8	13.0	11.9	13.1
43	12.0	13.2	12.0	13.3	12.1	13.3	12.1	13.4	12.1	13.4
44	12.2	13.6	12.3	13.6	12.3	13.7	12.4	13.7	12.4	13.7
45	12.5	13.9	12.5	14.0	12.6	14.0	12.6	14.0	12.7	14.1
46	12.8	14.2	12.8	14.3	12.9	14.3	12.9	14.4	12.9	14.4
47	13.0	14.6	13.1	14.6	13.1	14.6	13.2	14.7	13.2	14.7
48	13.3	14.9	13.3	14.9	13.4	15.0	13.4	15.0	13.5	15.1
49	13.5	15.2	13.6	15.3	13.6	15.3	13.7	15.4	13.7	15.4
50	13.8	15.5	13.9	15.6	13.9	15.6	14.0	15.7	14.0	15.7
51	14.1	15.9	14.1	15.9	14.2	16.0	14.2	16.0	14.3	16.1
52	14.3	16.2	14.4	16.3	14.4	16.3	14.5	16.4	14.5	16.4
53	14.6	16.6	14.6	16.6	14.7	16.7	14.7	16.7	14.8	16.8
54	14.8	16.9	14.9	16.9	15.0	17.0	15.0	17.0	15.1	17.1
55	15.1	17.2	15.2	17.3	15.2	17.3	15.3	17.4	15.3	17.4
56	15.4	17.6	15.4	17.6	15.5	17.7	15.5	17.7	15.6	17.8
57	15.6	17.9	15.7	18.0	15.7	18.0	15.8	18.1	15.8	18.1
58	15.9	18.2	15.9	18.3	16.0	18.3	16.0	18.4	16.1	18.5
59	16.1	18.6	16.2	18.6	16.2	18.7	16.3	18.7	16.4	18.8
60	16.4	18.9	16.4	19.0	16.5	19.0	16.6	19.1	16.6	19.1
61	16.6	19.2	16.7	19.3	16.7	19.4	16.8	19.4	16.9	19.5
62	16.9	19.6	16.9	19.6	17.0	19.7	17.1	19.8	17.1	19.8
63	17.1	19.9	17.2	20.0	17.3	20.1	17.3	20.1	17.4	20.2
64	17.4	20.3	17.5	20.3	17.5	20.4	17.6	20.5	17.7	20.5
65	17.6	20.6	17.7	20.7	17.8	20.7	17.8	20.8	17.9	20.9
66	17.9	21.0	18.0	21.0	18.0	21.1	18.1	21.2	18.2	21.2
67	18.2	21.3	18.2	21.4	18.3	21.4	18.3	21.5	18.4	21.6
68	18.4	21.7	18.5	21.7	18.5	21.8	18.6	21.9	18.7	21.9
69	18.6	22.0	18.7	22.1	18.7	22.1	18.8	22.2	18.9	22.3
70	18.9	22.3	19.0	22.4	19.0	22.5	19.1	22.6	19.2	22.6
71	19.1	22.7	19.2	22.8	19.3	22.8	19.3	22.9	19.4	23.0
72	19.4	23.0	19.5	23.1	19.5	23.2	19.6	23.3	19.7	23.3
73	19.6	23.4	19.7	23.5	19.8	23.5	19.9	23.6	19.9	23.7
74	19.9	23.7	20.0	23.8	20.0	23.9	20.1	24.0	20.2	24.0
75	20.1	24.1	20.2	24.2	20.3	24.2	20.4	24.3	20.4	24.4
76	20.4	24.5	20.4	24.5	20.5	24.6	20.6	24.7	20.7	24.8
77	20.6	24.8	20.7	24.9	20.8	25.0	20.8	25.0	20.9	25.1
78	20.9	25.2	20.9	25.2	21.0	25.3	21.1	25.4	21.2	25.5
79	21.1	25.5	21.2	25.6	21.3	25.7	21.3	25.8	21.4	25.8
80	21.3	25.9	21.4	26.0	21.5	26.0	21.6	26.1	21.7	26.2

— 26°

	29″.6		29″.7		29″.8		29″.9		30″.0	
	+	—	+	—	+	—	+	—	+	—
′	″	″	″	″	″	″	″	″	″	″
1	0.3	0.3	0.3	0.3	0.3	0.3	0.3	0.3	0.3	0.3
2	0.6	0.6	0.6	0.6	0.6	0.6	0.6	0.6	0.6	0.6
3	0.9	0.9	0.9	0.9	0.9	0.9	0.9	0.9	0.9	0.9
4	1.2	1.2	1.2	1.2	1.2	1.2	1.2	1.2	1.2	1.2
5	1.5	1.5	1.5	1.5	1.5	1.5	1.5	1.5	1.5	1.5
6	1.8	1.8	1.8	1.8	1.8	1.8	1.8	1.8	1.8	1.8
7	2.1	2.1	2.1	2.1	2.1	2.1	2.1	2.1	2.1	2.1
8	2.4	2.4	2.4	2.4	2.4	2.4	2.4	2.4	2.4	2.4
9	2.6	2.7	2.7	2.7	2.7	2.7	2.7	2.7	2.7	2.7
10	2.9	3.0	3.0	3.0	3.0	3.0	3.0	3.0	3.0	3.0
11	3.2	3.3	3.2	3.3	3.3	3.3	3.3	3.3	3.3	3.4
12	3.5	3.6	3.5	3.6	3.5	3.6	3.6	3.7	3.6	3.7
13	3.8	3.9	3.8	3.9	3.8	4.0	3.9	4.0	3.9	4.0
14	4.1	4.2	4.1	4.2	4.1	4.3	4.1	4.3	4.2	4.3
15	4.4	4.5	4.4	4.6	4.4	4.6	4.4	4.6	4.4	4.6
16	4.7	4.8	4.7	4.9	4.7	4.9	4.7	4.9	4.7	4.9
17	5.0	5.2	5.0	5.2	5.0	5.2	5.0	5.2	5.0	5.2
18	5.2	5.5	5.2	5.5	5.3	5.5	5.3	5.5	5.3	5.5
19	5.5	5.8	5.6	5.8	5.6	5.8	5.6	5.8	5.6	5.9
20	5.8	6.1	5.8	6.1	5.9	6.1	5.9	6.1	5.9	6.2
21	6.1	6.4	6.1	6.4	6.1	6.4	6.2	6.5	6.2	6.5
22	6.4	6.7	6.4	6.7	6.4	6.8	6.5	6.8	6.5	6.8
23	6.7	7.0	6.7	7.1	6.7	7.1	6.7	7.1	6.8	7.1
24	7.0	7.3	7.0	7.4	7.0	7.4	7.0	7.4	7.0	7.4
25	7.2	7.7	7.3	7.7	7.3	7.7	7.3	7.7	7.3	7.8
26	7.5	8.0	7.5	8.0	7.6	8.0	7.6	8.1	7.6	8.1
27	7.8	8.3	7.8	8.3	7.8	8.3	7.9	8.4	7.9	8.4
28	8.1	8.6	8.1	8.6	8.1	8.7	8.2	8.7	8.2	8.7
29	8.3	8.9	8.4	9.0	8.4	9.0	8.4	9.0	8.5	9.0
30	8.6	9.2	8.7	9.3	8.7	9.3	8.7	9.3	8.7	9.4
31	8.9	9.6	8.9	9.6	9.0	9.6	9.0	9.7	9.0	9.7
32	9.2	9.9	9.2	9.9	9.2	10.0	9.3	10.0	9.3	10.0
33	9.5	10.2	9.5	10.2	9.5	10.3	9.6	10.3	9.6	10.3
34	9.7	10.5	9.8	10.6	9.8	10.6	9.8	10.6	9.9	10.7
35	10.0	10.9	10.0	10.9	10.1	10.9	10.1	11.0	10.1	11.0
36	10.3	11.2	10.3	11.2	10.3	11.2	10.4	11.3	10.4	11.3
37	10.6	11.5	10.6	11.5	10.6	11.6	10.7	11.6	10.7	11.6
38	10.8	11.8	10.9	11.9	10.9	11.9	10.9	11.9	11.0	12.0
39	11.1	12.2	11.1	12.2	11.2	12.2	11.2	12.3	11.3	12.3
40	11.4	12.5	11.4	12.5	11.4	12.6	11.5	12.6	11.5	12.6

= 26°

′	29″.6 +	29″.6 −	29″.7 +	29″.7 −	29″.8 +	29″.8 −	29″.9 +	29″.9 −	30″.0 +	30″.0 −
	″	″	″	″	″	″	″	″	″	″
41	11.6	12.8	11.7	12.8	11.7	12.9	11.8	12.9	11.8	13.0
42	11.9	13.1	12.0	13.2	12.0	13.2	12.0	13.3	12.1	13.3
43	12.2	13.5	12.2	13.5	12.3	13.6	12.3	13.6	12.4	13.6
44	12.5	13.8	12.5	13.8	12.5	13.9	12.6	13.9	12.6	14.0
45	12.7	14.1	12.8	14.2	12.8	14.2	12.9	14.3	12.9	14.3
46	13.0	14.5	13.0	14.5	13.1	14.6	13.1	14.6	13.2	14.6
47	13.3	14.8	13.3	14.8	13.4	14.9	13.4	14.9	13.4	15.0
48	13.5	15.1	13.6	15.2	13.6	15.2	13.7	15.3	13.7	15.3
49	13.8	15.5	13.8	15.5	13.9	15.6	13.9	15.6	14.0	15.7
50	14.1	15.8	14.1	15.8	14.2	15.9	14.2	15.9	14.3	16.0
51	14.3	16.1	14.4	16.2	14.4	16.2	14.5	16.3	14.5	16.3
52	14.6	16.5	14.6	16.5	14.7	16.6	14.7	16.6	14.8	16.7
53	14.9	16.8	14.9	16.9	15.0	16.9	15.0	17.0	15.1	17.0
54	15.1	17.2	15.2	17.2	15.2	17.2	15.3	17.3	15.3	17.4
55	15.4	17.5	15.4	17.5	15.5	17.6	15.5	17.7	15.6	17.7
56	15.6	17.8	15.7	17.9	15.7	17.9	15.8	18.0	15.9	18.1
57	15.9	18.2	16.0	18.2	16.0	18.3	16.1	18.3	16.1	18.4
58	16.2	18.5	16.2	18.6	16.3	18.6	16.3	18.7	16.4	18.8
59	16.4	18.9	16.5	18.9	16.5	19.0	16.6	19.0	16.7	19.1
60	16.7	19.2	16.7	19.3	16.8	19.3	16.9	19.4	16.9	19.4
61	16.9	19.6	17.0	19.6	17.1	19.6	17.1	19.7	17.2	19.8
62	17.2	19.9	17.3	20.0	17.3	20.0	17.4	20.1	17.4	20.1
63	17.5	20.2	17.5	20.3	17.6	20.4	17.6	20.4	17.7	20.5
64	17.7	20.6	17.8	20.7	17.8	20.7	17.9	20.8	18.0	20.8
65	18.0	20.9	18.0	21.0	18.1	21.1	18.2	21.1	18.2	21.2
66	18.2	21.3	18.3	21.4	18.4	21.4	18.4	21.5	18.5	21.6
67	18.5	21.6	18.5	21.7	18.6	21.8	18.7	21.8	18.7	21.9
68	18.7	22.0	18.8	22.1	18.9	22.1	18.9	22.2	19.0	22.3
69	19.0	22.3	19.1	22.4	19.1	22.5	19.2	22.5	19.3	22.6
70	19.2	22.7	19.3	22.7	19.4	22.8	19.4	22.9	19.5	23.0
71	19.5	23.1	19.6	23.1	19.6	23.2	19.7	23.3	19.8	23.3
72	19.7	23.4	19.8	23.5	19.9	23.6	20.0	23.6	20.0	23.7
73	20.0	23.8	20.1	23.8	20.1	23.9	20.2	24.0	20.3	24.1
74	20.2	24.1	20.3	24.2	20.4	24.3	20.5	24.3	20.5	24.4
75	20.5	24.5	20.6	24.5	20.6	24.6	20.7	24.7	20.8	24.8
76	20.7	24.8	20.8	24.9	20.9	25.0	21.0	25.1	21.0	25.1
77	21.0	25.2	21.1	25.3	21.1	25.3	21.2	25.4	21.3	25.5
78	21.2	25.5	21.3	25.6	21.4	25.7	21.5	25.8	21.6	25.9
79	21.5	25.9	21.6	26.0	21.7	26.1	21.7	26.1	21.8	26.2
80	21.7	26.3	21.8	26.3	21.9	26.4	22.0	26.5	22.1	26.6

	30″.1		30″.2		30″.3		30″.4		30″.5	
− 26°	+	−	+	−	+	−	+	−	+	−
′	″	″	″	″	″	″	″	″	″	″
1	0.3	0.3	0.3	0.3	0.3	0.3	0.3	0.3	0.3	0.3
2	0.6	0.6	0.6	0.6	0.6	0.6	0.6	0.6	0.6	0.6
3	0.9	0.9	0.9	0.9	0.9	0.9	0.9	0.9	0.9	0.9
4	1.2	1.2	1.2	1.2	1.2	1.2	1.2	1.2	1.2	1.2
5	1.5	1.5	1.5	1.5	1.5	1.5	1.5	1.5	1.5	1.5
6	1.8	1.8	1.8	1.8	1.8	1.8	1.8	1.8	1.8	1.8
7	2.1	2.1	2.1	2.1	2.1	2.1	2.1	2.2	2.1	2.2
8	2.4	2.4	2.4	2.4	2.4	2.5	2.4	2.5	2.4	2.5
9	2.7	2.7	2.7	2.8	2.7	2.8	2.7	2.8	2.7	2.8
10	3.0	3.1	3.0	3.1	3.0	3.1	3.0	3.1	3.0	3.1
11	3.3	3.4	3.3	3.4	3.3	3.4	3.3	3.4	3.3	3.4
12	3.6	3.7	3.6	3.7	3.6	3.7	3.6	3.7	3.6	3.7
13	3.9	4.0	3.9	4.0	3.9	4.0	3.9	4.0	3.9	4.0
14	4.2	4.3	4.2	4.3	4.2	4.3	4.2	4.3	4.2	4.4
15	4.5	4.6	4.5	4.6	4.5	4.6	4.5	4.7	4.5	4.7
16	4.8	4.9	4.8	4.9	4.8	5.0	4.8	5.0	4.8	5.0
17	5.0	5.2	5.1	5.3	5.1	5.3	5.1	5.3	5.1	5.3
18	5.3	5.6	5.4	5.6	5.4	5.6	5.4	5.6	5.4	5.6
19	5.6	5.9	5.6	5.9	5.7	5.9	5.7	5.9	5.7	5.9
20	5.9	6.2	5.9	6.2	6.0	6.2	6.0	6.2	6.0	6.3
21	6.2	6.5	6.2	6.5	6.3	6.5	6.3	6.6	6.3	6.6
22	6.5	6.8	6.5	6.8	6.5	6.9	6.6	6.9	6.6	6.9
23	6.8	7.1	6.8	7.2	6.8	7.2	6.9	7.2	6.9	7.2
24	7.1	7.5	7.1	7.5	7.1	7.5	7.1	7.5	7.2	7.6
25	7.4	7.8	7.4	7.8	7.4	7.8	7.4	7.9	7.5	7.9
26	7.6	8.1	7.7	8.1	7.7	8.2	7.7	8.2	7.7	8.2
27	7.9	8.4	8.0	8.5	8.0	8.5	8.0	8.5	8.0	8.5
28	8.2	8.7	8.2	8.8	8.3	8.8	8.3	8.8	8.3	8.9
29	8.5	9.1	8.5	9.1	8.6	9.1	8.6	9.2	8.6	9.2
30	8.8	9.4	8.8	9.4	8.8	9.5	8.9	9.5	8.9	9.5
31	9.1	9.7	9.1	9.8	9.1	9.8	9.2	9.8	9.2	9.8
32	9.3	10.0	9.4	10.1	9.4	10.1	9.4	10.1	9.5	10.2
33	9.6	10.4	9.7	10.4	9.7	10.4	9.7	10.5	9.8	10.5
34	9.9	10.7	9.9	10.7	10.0	10.8	10.0	10.8	10.0	10.8
35	10.2	11.0	10.2	11.1	10.3	11.1	10.3	11.1	10.3	11.2
36	10.5	11.4	10.5	11.4	10.5	11.4	10.6	11.5	10.6	11.5
37	10.7	11.7	10.8	11.7	10.8	11.8	10.8	11.8	10.9	11.8
38	11.0	12.0	11.1	12.1	11.1	12.1	11.1	12.1	11.2	12.2
39	11.3	12.3	11.3	12.4	11.4	12.4	11.4	12.5	11.4	12.5
40	11.6	12.7	11.6	12.7	11.6	12.8	11.7	12.8	11.7	12.8

— 26°

	30″.1		30″.2		30″.3		30″.4		30″.5	
	+	−	+	−	+	−	+	−	+	−
′	″	″	″	″	″	″	″	″	″	″
41	11.9	13.0	11.9	13.1	11.9	13.1	12.0	13.1	12.0	13.2
42	12.1	13.3	12.2	13.4	12.2	13.4	12.2	13.5	12.3	13.5
43	12.4	13.7	12.4	13.7	12.5	13.8	12.5	13.8	12.6	13.8
44	12.7	14.0	12.7	14.1	12.8	14.1	12.8	14.2	12.8	14.2
45	12.9	14.4	13.0	14.4	13.0	14.4	13.1	14.5	13.1	14.5
46	13.2	14.7	13.3	14.7	13.3	14.8	13.4	14.8	13.4	14.9
47	13.5	15.0	13.5	15.1	13.6	15.1	13.7	15.2	13.7	15.2
48	13.8	15.4	13.8	15.4	13.9	15.5	13.9	15.5	14.0	15.6
49	14.0	15.7	14.1	15.8	14.1	15.8	14.2	15.9	14.2	15.9
50	14.3	16.0	14.4	16.1	14.4	16.1	14.5	16.2	14.5	16.2
51	14.6	16.4	14.6	16.4	14.7	16.5	14.7	16.5	14.8	16.6
52	14.9	16.7	14.9	16.8	15.0	16.8	15.0	16.9	15.1	16.9
53	15.1	17.1	15.2	17.1	15.2	17.2	15.3	17.2	15.3	17.3
54	15.4	17.4	15.4	17.5	15.5	17.5	15.6	17.6	15.6	17.6
55	15.7	17.8	15.7	17.8	15.8	17.9	15.8	17.9	15.9	18.0
56	15.9	18.1	16.0	18.2	16.0	18.2	16.1	18.3	16.1	18.3
57	16.2	18.5	16.2	18.5	16.3	18.6	16.4	18.6	16.4	18.7
58	16.5	18.8	16.5	18.9	16.6	18.9	16.6	19.0	16.7	19.0
59	16.7	19.2	16.8	19.2	16.8	19.3	16.9	19.3	17.0	19.4
60	17.0	19.5	17.0	19.6	17.1	19.6	17.2	19.7	17.2	19.7
61	17.2	19.9	17.3	19.9	17.3	20.0	17.4	20.0	17.5	20.1
62	17.5	20.2	17.6	20.3	17.6	20.3	17.7	20.4	17.8	20.5
63	17.8	20.6	17.8	20.6	17.9	20.7	18.0	20.8	18.0	20.8
64	18.0	20.9	18.1	21.0	18.2	21.0	18.2	21.1	18.3	21.2
65	18.3	21.3	18.4	21.3	18.4	21.4	18.5	21.5	18.6	21.5
66	18.6	21.6	18.6	21.7	18.7	21.8	18.8	21.8	18.8	21.9
67	18.8	22.0	18.9	22.0	18.9	22.1	19.0	22.2	19.1	22.2
68	19.1	22.3	19.1	22.4	19.2	22.5	19.3	22.5	19.3	22.6
69	19.3	22.7	19.4	22.8	19.5	22.8	19.5	22.9	19.6	23.0
70	19.6	23.0	19.7	23.1	19.7	23.2	19.8	23.3	19.9	23.3
71	19.9	23.4	19.9	23.5	20.0	23.6	20.1	23.6	20.1	23.7
72	20.1	23.8	20.2	23.8	20.2	23.9	20.3	24.0	20.4	24.1
73	20.4	24.1	20.4	24.2	20.5	24.3	20.6	24.3	20.6	24.4
74	20.6	24.5	20.7	24.6	20.8	24.6	20.8	24.7	20.9	24.8
75	20.9	24.8	21.0	24.9	21.0	25.0	21.1	25.1	21.2	25.1
76	21.1	25.2	21.2	25.3	21.3	25.4	21.4	25.4	21.4	25.5
77	21.4	25.6	21.5	25.7	21.5	25.7	21.6	25.8	21.7	25.9
78	21.6	25.9	21.7	26.0	21.8	26.1	21.9	26.2	22.0	26.3
79	21.9	26.3	22.0	26.4	22.0	26.5	22.1	26.5	22.2	26.6
80	22.1	26.7	22.2	26.7	22.3	26.8	22.4	26.9	22.5	27.0

— 26°

′	30″.6 +	30″.6 −	30″.7 +	30″.7 −	30″.8 +	30″.8 −	30″.9 +	30″.9 −	31″.0 +	31″.0 −
	″	″	″	″	″	″	″	″	″	″
1	0.3	0.3	0.3	0.3	0.3	0.3	0.3	0.3	0.3	0.3
2	0.6	0.6	0.6	0.6	0.6	0.6	0.6	0.6	0.6	0.6
3	0.9	0.9	0.9	0.9	0.9	0.9	0.9	0.9	0.9	0.9
4	1.2	1.2	1.2	1.2	1.2	1.2	1.2	1.3	1.2	1.3
5	1.5	1.5	1.5	1.6	1.5	1.6	1.5	1.6	1.5	1.6
6	1.8	1.9	1.8	1.9	1.8	1.9	1.8	1.9	1.8	1.9
7	2.1	2.2	2.1	2.2	2.1	2.2	2.1	2.2	2.1	2.2
8	2.4	2.5	2.4	2.5	2.5	2.5	2.5	2.5	2.5	2.5
9	2.7	2.8	2.7	2.8	2.8	2.8	2.8	2.8	2.8	2.8
10	3.0	3.1	3.0	3.1	3.1	3.1	3.1	3.1	3.1	3.2
11	3.3	3.4	3.4	3.4	3.4	3.4	3.4	3.5	3.4	3.5
12	3.6	3.7	3.7	3.7	3.7	3.8	3.7	3.8	3.7	3.8
13	3.9	4.1	4.0	4.1	4.0	4.1	4.0	4.1	4.0	4.1
14	4.2	4.4	4.3	4.4	4.3	4.4	4.3	4.4	4.3	4.4
15	4.5	4.7	4.6	4.7	4.6	4.7	4.6	4.7	4.6	4.8
16	4.8	5.0	4.9	5.0	4.9	5.0	4.9	5.0	4.9	5.1
17	5.1	5.3	5.2	5.3	5.2	5.4	5.2	5.4	5.2	5.4
18	5.4	5.6	5.4	5.7	5.5	5.7	5.5	5.7	5.5	5.7
19	5.7	6.0	5.7	6.0	5.8	6.0	5.8	6.0	5.8	6.0
20	6.0	6.3	6.0	6.3	6.1	6.3	6.1	6.4	6.1	6.4
21	6.3	6.6	6.3	6.6	6.4	6.7	6.4	6.7	6.4	6.7
22	6.6	6.9	6.6	7.0	6.7	7.0	6.7	7.0	6.7	7.0
23	6.9	7.3	6.9	7.3	6.9	7.3	7.0	7.3	7.0	7.3
24	7.2	7.6	7.2	7.6	7.2	7.6	7.3	7.7	7.3	7.7
25	7.5	7.9	7.5	7.9	7.5	8.0	7.6	8.0	7.6	8.0
26	7.8	8.2	7.8	8.3	7.8	8.3	7.9	8.3	7.9	8.3
27	8.1	8.6	8.1	8.6	8.1	8.6	8.1	8.6	8.2	8.7
28	8.4	8.9	8.4	8.9	8.4	8.9	8.4	9.0	8.5	9.0
29	8.6	9.2	8.7	9.2	8.7	9.3	8.7	9.3	8.8	9.3
30	8.9	9.6	9.0	9.6	9.0	9.6	9.0	9.6	9.1	9.7
31	9.2	9.9	9.3	9.9	9.3	9.9	9.3	10.0	9.3	10.0
32	9.5	10.2	9.5	10.2	9.6	10.3	9.6	10.3	9.6	10.3
33	9.8	10.5	9.8	10.6	9.9	10.6	9.9	10.6	9.9	10.7
34	10.1	10.9	10.1	10.9	10.1	10.9	10.2	11.0	10.2	11.0
35	10.4	11.2	10.4	11.2	10.4	11.3	10.5	11.3	10.5	11.3
36	10.6	11.5	10.7	11.6	10.7	11.6	10.7	11.6	10.8	11.7
37	10.9	11.9	11.0	11.9	11.0	11.9	11.0	12.0	11.1	12.0
38	11.2	12.2	11.2	12.2	11.3	12.3	11.3	12.3	11.4	12.4
39	11.5	12.5	11.5	12.6	11.6	12.6	11.6	12.7	11.6	12.7
40	11.8	12.9	11.8	12.9	11.9	13.0	11.9	13.0	11.9	13.0

− 26°

−	30″.6		30″.7		30″.8		30″.9		31″.0	
	+	−	+	−	+	−	+	−	+	−
′	″	″	″	″	″	″	″	″	″	″
41	12.1	13.2	12.1	13.3	12.1	13.3	12.2	13.3	12.2	13.4
42	12.3	13.6	12.4	13.6	12.4	13.6	12.5	13.7	12.5	13.7
43	12.6	13.9	12.7	13.9	12.7	14.0	12.7	14.0	12.8	14.1
44	12.9	14.2	12.9	14.3	13.0	14.3	13.0	14.4	13.1	14.4
45	13.2	14.6	13.2	14.6	13.3	14.7	13.3	14.7	13.4	14.8
46	13.4	14.9	13.5	15.0	13.5	15.0	13.6	15.1	13.6	15.1
47	13.7	15.3	13.8	15.3	13.8	15.4	13.9	15.4	13.9	15.4
48	14.0	15.6	14.0	15.7	14.1	15.7	14.1	15.7	14.2	15.8
49	14.3	15.9	14.3	16.0	14.4	16.1	14.4	16.1	14.5	16.1
50	14.6	16.3	14.6	16.3	14.7	16.4	14.7	16.4	14.8	16.5
51	14.8	16.6	14.9	16.7	14.9	16.8	15.0	16.8	15.0	16.8
52	15.1	17.0	15.2	17.0	15.2	17.1	15.3	17.1	15.3	17.2
53	15.4	17.3	15.4	17.4	15.5	17.5	15.5	17.5	15.6	17.6
54	15.6	17.7	15.7	17.7	15.8	17.8	15.8	17.9	15.9	17.9
55	15.9	18.0	16.0	18.1	16.0	18.2	16.1	18.2	16.1	18.3
56	16.2	18.4	16.2	18.4	16.3	18.5	16.3	18.6	16.4	18.6
57	16.5	18.7	16.5	18.8	16.6	18.9	16.6	18.9	16.7	19.0
58	16.7	19.1	16.8	19.2	16.8	19.2	16.9	19.3	17.0	19.3
59	17.0	19.4	17.1	19.5	17.1	19.6	17.2	19.6	17.2	19.7
60	17.3	19.8	17.3	19.9	17.4	19.9	17.4	20.0	17.5	20.0
61	17.5	20.2	17.6	20.2	17.7	20.3	17.7	20.3	17.8	20.4
62	17.8	20.5	17.9	20.6	17.9	20.6	18.0	20.7	18.1	20.8
63	18.1	20.9	18.1	20.9	18.2	21.0	18.3	21.1	18.3	21.1
64	18.3	21.2	18.4	21.3	18.5	21.4	18.5	21.4	18.6	21.5
65	18.6	21.6	18.7	21.7	18.7	21.7	18.8	21.8	18.9	21.8
66	18.9	21.9	18.9	22.0	19.0	22.1	19.1	22.1	19.1	22.2
67	19.1	22.3	19.2	22.4	19.3	22.4	19.3	22.5	19.4	22.6
68	19.4	22.7	19.5	22.7	19.5	22.8	19.6	22.9	19.7	22.9
69	19.7	23.0	19.7	23.1	19.8	23.2	19.9	23.2	20.0	23.3
70	19.9	23.4	20.0	23.5	20.1	23.5	20.1	23.6	20.2	23.7
71	20.2	23.8	20.3	23.8	20.3	23.9	20.4	24.0	20.5	24.0
72	20.5	24.1	20.5	24.2	20.6	24.3	20.7	24.3	20.7	24.4
73	20.7	24.5	20.8	24.6	20.9	24.6	21.0	24.7	21.0	24.8
74	21.0	24.9	21.1	24.9	21.1	25.0	21.2	25.1	21.3	25.1
75	21.3	25.2	21.3	25.3	21.4	25.4	21.5	25.4	21.5	25.5
76	21.5	25.6	21.6	25.7	21.7	25.7	21.7	25.8	21.8	25.9
77	21.8	26.0	21.8	26.0	21.9	26.1	22.0	26.2	22.1	26.3
78	22.0	26.3	22.1	26.4	22.2	26.5	22.3	26.6	22.3	26.6
79	22.3	26.7	22.4	26.8	22.4	26.8	22.5	26.9	22.6	27.0
80	22.5	27.1	22.6	27.1	22.7	27.2	22.8	27.3	22.9	27.4

− 26°	31″.1		31″.2		31″.3		31″.4		31″.5	
−	+	−	+	−	+	−	+	−	+	−
′	″	″	″	″	″	″	″	″	″	″
1	0.3	0.3	0.3	0.3	0.3	0.3	0.3	0.3	0.3	0.3
2	0.6	0.6	0.6	0.6	0.6	0.6	0.6	0.6	0.6	0.6
3	0.9	0.9	0.9	0.9	0.9	0.9	0.9	1.0	0.9	1.0
4	1.2	1.2	1.2	1.2	1.2	1.2	1.2	1.3	1.3	1.3
5	1.5	1.6	1.5	1.6	1.5	1.6	1.6	1.6	1.6	1.6
6	1.9	1.9	1.9	1.9	1.9	1.9	1.9	1.9	1.9	1.9
7	2.2	2.2	2.2	2.2	2.2	2.2	2.1	2.2	2.2	2.2
8	2.5	2.5	2.5	2.5	2.5	2.5	2.5	2.5	2.5	2.6
9	2.8	2.8	2.8	2.8	2.8	2.9	2.8	2.9	2.8	2.9
10	3.1	3.2	3.1	3.2	3.1	3.2	3.1	3.2	3.1	3.2
11	3.4	3.5	3.4	3.5	3.4	3.5	3.4	3.5	3.4	3.5
12	3.7	3.8	3.7	3.8	3.7	3.8	3.7	3.8	3.7	3.8
13	4.0	4.1	4.0	4.1	4.0	4.2	4.1	4.2	4.1	4.2
14	4.3	4.4	4.3	4.5	4.3	4.5	4.4	4.5	4.4	4.5
15	4.6	4.8	4.6	4.8	4.6	4.8	4.7	4.8	4.7	4.8
16	4.9	5.1	4.9	5.1	4.9	5.1	5.0	5.1	5.0	5.2
17	5.2	5.4	5.2	5.4	5.2	5.4	5.3	5.5	6.3	5.5
18	5.5	5.7	5.5	5.8	5.6	5.8	5.6	5.8	5.6	5.8
19	5.8	6.1	5.8	6.1	5.9	6.1	5.9	6.1	5.9	6.1
20	6.1	6.4	6.1	6.4	6.2	6.4	6.2	6.5	6.2	6.5
21	6.4	6.7	6.4	6.7	6.5	6.8	6.5	6.8	6.5	6.8
22	6.7	7.0	6.7	7.1	6.8	7.1	6.8	7.1	6.8	7.1
23	7.0	7.4	7.0	7.4	7.1	7.4	7.1	7.4	7.1	7.5
24	7.3	7.7	7.3	7.7	7.4	7.8	7.4	7.8	7.4	7.8
25	7.6	8.0	7.6	8.1	7.7	8.1	7.7	8.1	7.7	8.1
26	7.9	8.4	7.9	8.4	8.0	8.4	8.0	8.4	8.0	8.5
27	8.2	8.7	8.2	8.7	8.3	8.7	8.3	8.8	8.3	8.8
28	8.5	9.0	8.5	9.1	8.6	9.1	8.6	9.1	8.6	9.1
29	8.8	9.4	8.8	9.4	8.9	9.4	8.9	9.5	8.9	9.5
30	9.1	9.7	9.1	9.7	9.1	9.8	9.2	9.8	9.2	9.8
31	9.4	10.0	9.4	10.1	9.4	10.1	9.5	10.1	9.5	10.2
32	9.7	10.4	9.7	10.4	9.7	10.4	9.8	10.5	9.8	10.5
33	10.0	10.7	10.0	10.7	10.0	10.8	10.1	10.8	10.1	10.8
34	10.2	11.0	10.3	11.1	10.3	11.1	10.3	11.1	10.4	11.2
35	10.5	11.4	10.6	11.4	10.6	11.4	10.6	11.5	10.7	11.5
36	10.8	11.7	10.9	11.8	10.9	11.8	10.9	11.8	11.0	11.9
37	11.1	12.1	11.1	12.1	11.2	12.1	11.2	12.2	11.3	12.2
38	11.4	12.4	11.4	12.4	11.5	12.5	11.5	12.5	11.5	12.6
39	11.7	12.7	11.7	12.8	11.8	12.8	11.8	12.9	11.8	12.9
40	12.0	13.1	12.0	13.1	12.1	13.2	12.1	13.2	12.1	13.2

— 26°

′	31″.1 +	31″.1 −	31″.2 +	31″.2 −	31″.3 +	31″.3 −	31″.4 +	31″.4 −	31″.5 +	31″.5 −
41	12.3″	13.4″	12.3″	13.5″	12.3″	13.5″	12.4″	13.5″	12.4″	13.6″
42	12.5	13.8	12.6	13.8	12.6	13.9	12.7	13.9	12.7	13.9
43	12.8	14.1	12.9	14.2	12.9	14.2	13.0	14.2	13.0	14.3
44	13.1	14.4	13.2	14.5	13.2	14.5	13.2	14.6	13.3	14.6
45	13.4	14.8	13.4	14.8	13.5	14.9	13.5	14.9	13.6	15.0
46	13.7	15.2	13.7	15.2	13.8	15.2	13.8	15.3	13.9	15.3
47	14.0	15.5	14.0	15.5	14.1	15.6	14.1	15.6	14.2	15.7
48	14.2	15.8	14.3	15.9	14.3	15.9	14.4	16.0	14.4	16.0
49	14.5	16.2	14.6	16.2	14.6	16.3	14.7	16.3	14.7	16.4
50	14.8	16.5	14.8	16.6	14.9	16.6	15.0	16.7	15.0	16.7
51	15.1	16.9	15.1	16.9	15.2	17.0	15.2	17.0	15.3	17.1
52	15.4	17.2	15.4	17.3	15.5	17.4	15.5	17.4	15.6	17.5
53	15.6	17.6	15.7	17.7	15.7	17.7	15.8	17.8	15.9	17.8
54	15.9	18.0	16.0	18.0	16.0	18.1	16.1	18.1	16.1	18.2
55	16.2	18.3	16.2	18.4	16.3	18.4	16.4	18.5	16.4	18.5
56	16.5	18.7	16.5	18.7	16.6	18.8	16.6	18.8	16.7	18.9
57	16.7	19.0	16.8	19.1	16.9	19.1	16.9	19.2	17.0	19.3
58	17.0	19.4	17.1	19.4	17.1	19.5	17.2	19.6	17.2	19.6
59	17.3	19.7	17.4	19.8	17.4	19.9	17.5	19.9	17.5	20.0
60	17.6	20.1	17.6	20.2	17.7	20.2	17.7	20.3	17.8	20.3
61	17.8	20.5	17.9	20.5	18.0	20.6	18.0	2 .6	18.1	20.7
62	18.1	20.8	18.2	20.9	18.2	21.0	18.3	21.0	18.4	21.1
63	18.4	21.2	18.5	21.3	18.5	21.3	18.6	21.4	18.6	21.4
64	18.7	21.5	18.7	21.6	18.8	21.7	18.8	21.7	18.9	21.8
65	18.9	21.9	19.0	22.0	19.1	22.0	19.1	22.1	19.2	22.2
66	19.2	22.3	19.3	22.3	19.3	22.4	19.4	22.5	19.5	22.5
67	19.5	22.6	19.5	22.7	19.6	22.8	19.7	22.8	19.7	22.9
68	19.7	23.0	19.8	23.1	19.9	23.1	19.9	23.2	20.0	23.3
69	20.0	23.4	20.1	23.4	20.2	23.5	20.2	23.6	20.3	23.6
70	20.3	23.7	20.3	23.8	20.4	23.9	20.5	23.9	20.6	24.0
71	20.6	24.1	20.6	24.2	20.7	24.2	20.8	24.3	20.8	24.4
72	20.8	24.5	20.9	24.5	21.0	24.6	21.0	24.7	21.1	24.8
73	21.1	24.9	21.2	24.9	21.2	25.0	21.3	25.1	21.4	25.1
74	21.4	25.2	21.4	25.3	21.5	25.4	21.6	25.4	21.6	25.5
75	21.6	25.6	21.7	25.7	21.8	25.7	21.8	25.8	21.9	25.9
76	21.9	26.0	22.0	26.0	22.0	26.1	22.1	26.2	22.2	26.3
77	22.2	26.3	22.2	26.4	22.3	26.5	22.4	26.6	22.5	26.7
78	22.4	26.7	22.5	26.8	22.6	26.9	22.6	26.9	22.7	27.0
79	22.7	27.1	22.8	27.2	22.8	27.2	22.9	27.3	23.0	27.4
80	22.9	27.5	23.0	27.5	23.1	27.6	23.2	27.7	23.3	27.8

— 27°

	33″.3		33″.4		33″.5		33″.6		33″.7	
	+	−	+	−	+	−	+	−	+	−
′	″	″	″	″	″	″	″	″	″	″
1	0.3	0.3	0.3	0.3	0.3	0.3	0.3	0.3	0.3	0.3
2	0.7	0.7	0.7	0.7	0.7	0.7	0.7	0.7	0.7	0.7
3	1.0	1.0	1.0	1.0	1.0	1.0	1.0	1.0	1.0	1.0
4	1.3	1.3	1.3	1.3	1.3	1.3	1.3	1.4	1.3	1.4
5	1.7	1.7	1.7	1.7	1.7	1.7	1.7	1.7	1.7	1.7
6	2.0	2.0	2.0	2.0	2.0	2.0	2.0	2.0	2.0	2.0
7	2.3	2.4	2.3	2.4	2.3	2.4	2.3	2.4	2.4	2.4
8	2.6	2.7	2.7	2.7	2.7	2.7	2.7	2.7	2.7	2.7
9	3.0	3.0	3.0	3.1	3.0	3.1	3.0	3.1	3.0	3.1
10	3.3	3.4	3.3	3.4	3.3	3.4	3.3	3.4	3.3	3.4
11	3.6	3.7	3.6	3.7	3.7	3.8	3.7	3.8	3.7	3.8
12	4.0	4.1	4.0	4.1	4.0	4.1	4.0	4.1	4.0	4.1
13	4.3	4.4	4.3	4.4	4.3	4.5	4.3	4.5	4.3	4.5
14	4.6	4.8	4.6	4.8	4.6	4.8	4.7	4.8	4.7	4.8
15	4.9	5.1	5.0	5.1	5.0	5.2	5.0	5.2	5.0	5.2
16	5.3	5.5	5.3	5.5	5.3	5.5	5.3	5.5	5.3	5.5
17	5.6	5.8	5.6	5.8	5.6	5.9	5.6	5.9	5.7	5.9
18	5.9	6.2	5.9	6.2	5.9	6.2	6.0	6.2	6.0	6.2
19	6.2	6.5	6.2	6.5	6.3	6.6	6.3	6.6	6.3	6.6
20	6.5	6.9	6.6	6.9	6.6	6.9	6.6	6.9	6.6	7.0
21	6.9	7.2	6.9	7.3	6.9	7.3	6.9	7.3	7.0	7.3
22	7.2	7.6	7.2	7.6	7.2	7.6	7.2	7.6	7.3	7.7
23	7.5	7.9	7.5	8.0	7.5	8.0	7.6	8.0	7.6	8.0
24	7.8	8.3	7.8	8.3	7.9	8.3	7.9	8.4	7.9	8.4
25	8.1	8.7	8.2	8.7	8.2	8.7	8.2	8.7	8.2	8.8
26	8.4	9.0	8.5	9.1	8.5	9.1	8.5	9.1	8.5	9.1
27	8.8	9.4	8.8	9.4	8.8	9.4	8.8	9.5	8.8	9.5
28	9.1	9.8	9.1	9.8	9.1	9.8	9.2	9.8	9.2	9.9
29	9.4	10.1	9.4	10.1	9.4	10.2	9.5	10.2	9.5	10.2
30	9.7	10.5	9.7	10.5	9.8	10.5	9.8	10.6	9.8	10.6
31	10.0	10.8	10.0	10.9	10.1	10.9	10.1	10.9	10.1	11.0
32	10.3	11.2	10.4	11.2	10.4	11.3	10.4	11.3	10.4	11.3
33	10.6	11.6	10.7	11.6	10.7	11.6	10.7	11.7	10.8	11.7
34	10.9	11.9	11.0	12.0	11.0	12.0	11.0	12.0	11.1	12.1
35	11.2	12.3	11.3	12.3	11.3	12.4	11.3	12.4	11.4	12.4
36	11.5	12.7	11.6	12.7	11.6	12.7	11.6	12.8	11.7	12.8
37	11.9	13.0	11.9	13.1	11.9	13.1	12.0	13.1	12.0	13.2
38	12.2	13.4	12.2	13.4	12.2	13.5	12.3	13.5	12.3	13.5
39	12.5	13.8	12.5	13.8	12.5	13.8	12.6	13.9	12.6	13.9
40	12.8	14.1	12.8	14.2	12.8	14.2	12.9	14.3	12.9	14.3

— 27°

	33″.3		33″.4		33″.5		33″.6		33″.7	
	+	−	+	−	+	−	+	−	+	−
′	″	″	″	″	″	″	″	″	″	″
41	13.1	14.5	13.1	14.6	13.2	14.6	13.2	14.6	13.2	14.7
42	13.4	14.9	13.4	14.9	13.5	15.0	13.5	15.0	13.5	15.0
43	13.7	15.3	13.7	15.3	13.8	15.3	13.8	15.4	13.8	15.4
44	14.0	15.6	14.0	15.7	14.1	15.7	14.1	15.8	14.1	15.8
45	14.3	16.0	14.3	16.1	14.4	16.1	14.4	16.1	14.5	16.2
46	14.6	16.4	14.6	16.4	14.7	16.5	14.7	16.5	14.8	16.6
47	14.9	16.8	14.9	16.8	15.0	16.9	15.0	16.9	15.1	17.0
48	15.2	17.1	15.2	17.2	15.3	17.2	15.3	17.3	15.4	17.3
49	15.5	17.5	15.5	17.6	15.6	17.6	15.6	17.7	15.7	17.7
50	15.8	17.9	15.8	18.0	15.9	18.0	15.9	18.1	16.0	18.1
51	16.1	18.3	16.1	18.3	16.2	18.4	16.2	18.4	16.3	18.5
52	16.3	18.7	16.4	18.7	16.4	18.8	16.5	18.8	16.5	18.9
53	16.6	19.1	16.7	19.1	16.7	19.2	16.8	19.2	16.8	19.3
54	16.9	19.5	17.0	19.5	17.0	19.6	17.1	19.6	17.1	19.7
55	17.2	19.8	17.3	19.9	17.3	19.9	17.4	20.0	17.5	20.1
56	17.5	20.2	17.6	20.3	17.6	20.3	17.7	20.4	17.7	20.4
57	17.8	20.6	17.9	20.7	17.9	20.7	18.0	20.8	18.0	20.8
58	18.1	21.0	18.1	21.1	18.2	21.1	18.3	21.2	18.3	21.2
59	18.4	21.4	18.4	21.5	18.5	21.5	18.6	21.6	18.6	21.6
60	18.7	21.8	18.7	21.8	18.8	21.9	18.8	22.0	18.9	22.0
61	19.0	22.2	19.0	22.2	19.1	22.3	19.1	22.4	19.2	22.4
62	19.2	22.6	19.3	22.6	19.4	22.7	19.4	22.8	19.5	22.8
63	19.5	23.0	19.6	23.0	19.7	23.1	19.7	23.2	19.8	23.2
64	19.8	23.4	19.9	23.4	20.0	23.5	20.0	23.6	20.1	23.6
65	20.1	23.8	20.2	23.8	20.2	23.9	20.3	24.0	20.4	24.0
66	20.4	24.2	20.5	24.2	20.5	24.3	20.6	24.4	20.6	24.4
67	20.7	24.6	20.7	24.6	20.8	24.7	20.9	24.8	20.9	24.8
68	21.0	25.0	21.0	25.0	21.1	25.1	21.2	25.2	21.2	25.3
69	21.2	25.4	21.3	25.5	21.4	25.5	21.4	25.6	21.5	25.7
70	21.5	25.8	21.6	25.9	21.7	25.9	21.7	26.0	21.8	26.1
71	21.8	26.2	21.9	26.3	21.9	26.3	22.0	26.4	22.1	26.5
72	22.1	26.6	22.2	26.7	22.2	26.7	22.3	26.8	22.4	26.9
73	22.4	27.0	22.4	27.1	22.5	27.2	22.6	27.2	22.6	27.3
74	22.6	27.4	22.7	27.5	22.8	27.6	22.9	27.6	22.9	27.7
75	22.9	27.8	23.0	27.9	23.1	28.0	23.1	28.0	23.2	28.1
76	23.2	28.2	23.3	28.3	23.3	28.4	23.4	28.5	23.5	28.5
77	23.5	28.7	23.5	28.7	23.6	28.8	23.7	28.9	23.8	29.0
78	23.7	29.1	23.8	29.1	23.9	29.2	24.0	29.3	24.1	29.4
79	24.0	29.5	24.1	29.6	24.2	29.6	24.2	29.7	24.3	29.8
80	24.3	29.9	24.4	30.0	24.4	30.0	24.5	30.1	24.6	30.2

— 28°

′	38″.1 +	38″.1 −	38″.2 +	38″.2 −	38″.3 +	38″.3 −	38″.4 +	38″.4 −	38″.5 +	38″.5 −
	″	″	″	″	″	″	″	″	″	″
1	0.4	0.4	0.4	0.4	0.4	0.4	0.4	0.4	0.4	0.4
2	0.8	0.8	0.8	0.8	0.8	0.8	0.8	0.8	0.8	0.8
3	1.1	1.2	1.1	1.2	1.1	1.2	1.1	1.2	1.2	1.2
4	1.5	1.5	1.5	1.5	1.5	1.5	1.5	1.6	1.5	1.6
5	1.9	1.9	1.9	1.9	1.9	1.9	1.9	1.9	1.9	1.9
6	2.3	2.3	2.3	2.3	2.3	2.3	2.3	2.3	2.3	2.3
7	2.7	2.7	2.7	2.7	2.7	2.7	2.7	2.7	2.7	2.7
8	3.0	3.1	3.0	3.1	3.0	3.1	3.1	3.1	3.1	3.1
9	3.4	3.5	3.4	3.5	3.4	3.5	3.4	3.5	3.5	3.5
10	3.8	3.9	3.8	3.9	3.8	3.9	3.8	3.9	3.8	3.9
11	4.2	4.3	4.2	4.3	4.2	4.3	4.2	4.3	4.2	4.3
12	4.5	4.7	4.6	4.7	4.6	4.7	4.6	4.7	4.6	4.7
13	4.9	5.1	4.9	5.1	4.9	5.1	4.9	5.1	5.0	5.1
14	5.3	5.5	5.3	5.5	5.3	5.5	5.3	5.5	5.3	5.5
15	5.7	5.9	5.7	5.9	5.7	5.9	5.7	5.9	5.7	5.9
16	6.0	6.3	6.0	6.3	6.1	6.3	6.1	6.3	6.1	6.3
17	6.4	6.7	6.4	6.7	6.4	6.7	6.4	6.7	6.5	6.8
18	6.8	7.1	6.8	7.1	6.8	7.1	6.8	7.1	6.8	7.2
19	7.1	7.5	7.1	7.5	7.2	7.5	7.2	7.6	7.2	7.6
20	7.5	7.9	7.5	7.9	7.5	7.9	7.5	8.0	7.6	8.0
21	7.9	8.3	7.9	8.3	7.9	8.4	7.9	8.4	7.9	8.4
22	8.2	8.7	8.2	8.8	8.3	8.8	8.3	8.8	8.3	8.8
23	8.6	9.1	8.6	9.2	8.6	9.2	8.7	9.2	8.7	9.2
24	8.9	9.5	9.0	9.6	9.0	9.6	9.0	9.6	9.0	9.6
25	9.3	10.0	9.3	10.0	9.4	10.0	9.4	10.0	9.4	10.1
26	9.7	10.4	9.7	10.4	9.7	10.4	9.7	10.5	9.8	10.5
27	10.0	10.8	10.0	10.8	10.1	10.8	10.1	10.9	10.1	10.9
28	10.4	11.2	10.4	11.2	10.4	11.3	10.5	11.3	10.5	11.3
29	10.7	11.6	10.8	11.7	10.8	11.7	10.8	11.7	10.9	11.7
30	11.1	12.0	11.1	12.1	11.1	12.1	11.2	12.1	11.2	12.2
31	11.4	12.5	11.5	12.5	11.5	12.5	11.5	12.6	11.6	12.6
32	11.8	12.9	11.8	12.9	11.9	13.0	11.9	13.0	11.9	13.0
33	12.2	13.3	12.2	13.3	12.2	13.4	12.3	13.4	12.3	13.4
34	12.5	13.7	12.5	13.7	12.6	13.8	12.6	13.8	12.6	13.9
35	12.9	14.2	12.9	14.2	12.9	14.2	13.0	14.3	13.0	14.3
36	13.2	14.6	13.2	14.6	13.3	14.7	13.3	14.7	13.3	14.7
37	13.5	15.0	13.6	15.0	13.6	15.1	13.7	15.1	13.7	15.2
38	13.9	15.4	13.9	15.5	14.0	15.5	14.0	15.6	14.0	15.6
39	14.2	15.9	14.3	15.9	14.3	16.0	14.4	16.0	14.4	16.0
40	14.6	16.3	14.6	16.3	14.7	16.4	14.7	16.4	14.7	16.5

— 28°

	38″.1		38″.2		38″.3		38″.4		38″.5	
	+	−	+	−	+	−	+	−	+	−
′	″	″	″	″	″	″	″	″	″	″
41	14.9	16.7	15.0	16.8	15.0	16.8	15.1	16.9	15.1	16.9
42	15.3	17.2	15.3	17.2	15.4	17.3	15.4	17.3	15.4	17.3
43	15.6	17.6	15.7	17.7	15.7	17.7	15.8	17.7	15.8	17.8
44	16.0	18.1	16.0	18.1	16.0	18.1	16.1	18.2	16.1	18.2
45	16.3	18.5	16.3	18.5	16.4	18.6	16.4	18.6	16.5	18.7
46	16.6	18.9	16.7	19.0	16.7	19.0	16.8	19.1	16.8	19.1
47	17.0	19.4	17.0	19.4	17.1	19.5	17.1	19.5	17.2	19.6
48	17.3	19.8	17.4	19.9	17.4	19.9	17.5	20.0	17.5	20.0
49	17.6	20.3	17.7	20.3	17.7	20.4	17.8	20.4	17.8	20.5
50	18.0	20.7	18.0	20.7	18.1	20.8	18.1	20.8	18.2	20.9
51	18.3	21.1	18.4	21.2	18.4	21.2	18.5	21.3	18.5	21.3
52	18.6	21.6	18.7	21.6	18.7	21.7	18.8	21.7	18.8	21.8
53	19.0	22.0	19.0	22.1	19.1	22.1	19.1	22.2	19.2	22.3
54	19.3	22.5	19.4	22.5	19.4	22.6	19.5	22.7	19.5	22.7
55	19.6	22.9	19.7	23.0	19.7	23.1	19.8	23.1	19.9	23.2
56	20.0	23.4	20.0	23.5	20.1	23.5	20.1	23.6	20.2	23.6
57	20.3	23.8	20.3	23.9	20.4	24.0	20.5	24.0	20.5	24.1
58	20.6	24.3	20.7	24.4	20.7	24.4	20.8	24.5	20.8	24.5
59	20.9	24.8	21.0	24.8	21.1	24.9	21.1	24.9	21.2	25.0
60	21.3	25.2	21.3	25.3	21.4	25.3	21.4	25.4	21.5	25.5
61	21.6	25.7	21.7	25.7	21.7	25.8	21.8	25.9	21.8	25.9
62	21.9	26.1	22.0	26.2	22.0	26.3	22.1	26.3	22.2	26.4
63	22.2	26.6	22.3	26.7	22.4	26.7	22.4	26.8	22.5	26.9
64	22.6	27.1	22.6	27.1	22.7	27.2	22.8	27.3	22.8	27.3
65	22.9	27.5	23.0	27.6	23.0	27.7	23.1	27.7	23.1	27.8
66	23.2	28.0	23.3	28.1	23.3	28.1	23.4	28.2	23.5	28.3
67	23.5	28.5	23.6	28.5	23.7	28.6	23.7	28.7	23.8	28.7
68	23.8	28.9	23.9	29.0	24.0	29.1	24.1	29.2	24.1	29.2
69	24.2	29.4	24.2	29.5	24.3	29.6	24.4	29.6	24.4	29.7
70	24.5	29.9	24.6	30.0	24.6	30.0	24.7	30.1	24.8	30.2
71	24.8	30.4	24.9	30.4	25.0	30.5	25.0	30.6	25.1	30.6
72	25.1	30.8	25.2	30.9	25.3	31.0	25.3	31.1	25.4	31.1
73	25.4	31.3	25.5	31.4	25.6	31.5	25.7	31.5	25.7	31.6
74	25.8	31.8	25.8	31.9	25.9	32.0	26.0	32.0	26.0	32.1
75	26.1	32.3	26.1	32.4	26.2	32.4	26.3	32.5	26.4	32.6
76	26.4	32.8	26.5	32.8	26.5	32.9	26.6	33.0	26.7	33.1
77	26.7	33.2	26.8	33.3	26.9	33.4	26.9	33.5	27.0	33.6
78	27.0	33.7	27.1	33.8	27.2	33.9	27.2	34.0	27.3	34.0
79	27.3	34.2	27.4	34.3	27.5	34.4	27.6	34.5	27.6	34.5
80	27.6	34.7	27.7	34.8	27.8	34.9	27.9	35.0	27.9	35.0

	38″.6		38″.7		38″.8		38″.9		39″.0	
′	+	−	+	−	+	−	+	−	+	−
	″	″	″	″	″	″	″	″	″	″
1	0.4	0.4	0.4	0.4	0.4	0.4	0.4	0.4	0.4	0.4
2	0.8	0.8	0.8	0.8	0.8	0.8	0.8	0.8	0.8	0.8
3	1.2	1.2	1.2	1.2	1.2	1.2	1.2	1.2	1.2	1.2
4	1.5	1.6	1.5	1.6	1.5	1.6	1.6	1.6	1.6	1.6
5	1.9	2.0	1.9	2.0	1.9	2.0	1.9	2.0	1.9	2.0
6	2.3	2.4	2.3	2.4	2.3	2.4	2.3	2.4	2.3	2.4
7	2.7	2.7	2.7	2.7	2.7	2.8	2.7	2.8	2.7	2.8
8	3.1	3.1	3.1	3.2	3.1	3.2	3.1	3.2	3.1	3.2
9	3.5	3.5	3.5	3.6	3.5	3.6	3.5	3.6	3.5	3.6
10	3.8	3.9	3.8	4.0	3.9	4.0	3.9	4.0	3.9	4.0
11	4.2	4.3	4.2	4.4	4.2	4.4	4.2	4.4	4.3	4.4
12	4.6	4.7	4.6	4.8	4.6	4.8	4.6	4.8	4.6	4.8
13	5.0	5.1	5.0	5.2	5.0	5.2	5.0	5.2	5.0	5.2
14	5.4	5.6	5.4	5.6	5.4	5.6	5.4	5.6	5.4	5.6
15	5.7	6.0	5.7	6.0	5.8	6.0	5.8	6.0	5.8	6.0
16	6.1	6.4	6.1	6.4	6.1	6.4	6.1	6.4	6.2	6.4
17	6.5	6.8	6.5	6.8	6.5	6.8	6.5	6.8	6.5	6.8
18	6.9	7.2	6.9	7.2	6.9	7.2	6.9	7.2	6.9	7.3
19	7.2	7.6	7.2	7.6	7.3	7.6	7.3	7.7	7.3	7.7
20	7.6	8.0	7.6	8.0	7.6	8.0	7.6	8.1	7.7	8.1
21	8.0	8.4	8.0	8.4	8.0	8.5	8.0	8.5	8.0	8.5
22	8.3	8.8	8.3	8.9	8.4	8.9	8.4	8.9	8.4	8.9
23	8.7	9.3	8.7	9.3	8.7	9.3	8.8	9.3	8.8	9.3
24	9.1	9.7	9.1	9.7	9.1	9.7	9.1	9.7	9.2	9.8
25	9.4	10.1	9.5	10.1	9.5	10.1	9.5	10.2	9.5	10.2
26	9.8	10.5	9.8	10.5	9.8	10.6	9.9	10.6	9.9	10.6
27	10.2	10.9	10.2	11.0	10.2	11.0	10.2	11.0	10.3	11.0
28	10.5	11.4	10.5	11.4	10.6	11.4	10.6	11.4	10.6	11.5
29	10.9	11.8	10.9	11.8	10.9	11.8	11.0	11.9	11.0	11.9
30	11.2	12.2	11.3	12.2	11.3	12.3	11.3	12.3	11.4	12.3
31	11.6	12.6	11.6	12.7	11.7	12.7	11.7	12.7	11.7	12.7
32	12.0	13.0	12.0	13.1	12.0	13.1	12.1	13.1	12.1	13.2
33	12.3	13.5	12.3	13.5	12.4	13.5	12.4	13.6	12.4	13.6
34	12.7	13.9	12.7	13.9	12.7	14.0	12.8	14.0	12.8	14.0
35	13.0	14.3	13.1	14.4	13.1	14.4	13.1	14.4	13.2	14.5
36	13.4	14.8	13.4	14.8	13.5	14.8	13.5	14.9	13.5	14.9
37	13.7	15.2	13.8	15.2	13.8	15.3	13.8	15.3	13.9	15.3
38	14.1	15.6	14.1	15.7	14.2	15.7	14.2	15.8	14.2	15.8
39	14.4	16.1	14.5	16.1	14.5	16.2	14.6	16.2	14.6	16.2
40	14.8	16.5	14.8	16.5	14.9	16.6	14.9	16.6	15.0	16.7

— 29°

	38″.6		38″.7		38″.8		38″.9		39″.0	
	+	−	+	−	+	−	+	−	+	−
′	″	″	″	″	″	″	″	″	″	″
41	15.1	16.9	15.2	17.0	15.2	17.0	15.3	17.1	15.3	17.1
42	15.5	17.4	15.5	17.4	15.6	17.5	15.6	17.5	15.7	17.6
43	15.8	17.8	15.9	17.9	15.9	17.9	16.0	18.0	16.0	18.0
44	16.2	18.3	16.2	18.3	16.3	18.4	16.3	18.4	16.4	18.4
45	16.5	18.7	16.6	18.8	16.6	18.8	16.7	18.8	16.7	18.9
46	16.9	19.2	16.9	19.2	17.0	19.2	17.0	19.3	17.0	19.3
47	17.2	19.6	17.3	19.6	17.3	19.7	17.3	19.7	17.4	19.8
48	17.6	20.1	17.6	20.1	17.6	20.1	17.7	20.2	17.7	20.2
49	17.9	20.5	17.9	20.5	18.0	20.6	18.0	20.6	18.1	20.7
50	18.2	20.9	18.3	21.0	18.3	21.0	18.4	21.1	18.4	21.2
51	18.6	21.4	18.6	21.5	18.7	21.5	18.7	21.6	18.8	21.6
52	18.9	21.8	19.0	21.9	19.0	22.0	19.1	22.0	19.1	22.1
53	19.2	22.3	19.3	22.4	19.3	22.4	19.4	22.5	19.5	22.5
54	19.6	22.8	19.6	22.8	19.7	22.9	19.7	22.9	19.8	23.0
55	19.9	23.2	20.0	23.3	20.0	23.3	20.1	23.4	20.1	23.4
56	20.2	23.7	20.3	23.7	20.4	23.8	20.4	23.8	20.5	23.9
57	20.6	24.1	20.6	24.2	20.7	24.3	20.7	24.3	20.8	24.4
58	20.9	24.6	21.0	24.7	21.0	24.7	21.1	24.8	21.1	24.8
59	21.2	25.1	21.3	25.1	21.4	25.2	21.4	25.2	21.5	25.3
60	21.6	25.5	21.6	25.6	21.7	25.6	21.7	25.7	21.8	25.8
61	21.9	26.0	22.0	26.0	22.0	26.1	22.1	26.2	22.1	26.2
62	22.2	26.4	22.3	26.5	22.4	26.6	22.4	26.6	22.5	26.7
63	22.6	26.9	22.6	27.0	22.7	27.0	22.8	27.1	22.8	27.2
64	22.9	27.4	22.9	27.5	23.0	27.5	23.1	27.6	23.1	27.6
65	23.2	27.9	23.3	27.9	23.3	28.0	23.4	28.1	23.5	28.1
66	23.5	28.3	23.6	28.4	23.7	28.5	23.7	28.5	23.8	28.6
67	23.9	28.8	23.9	28.9	24.0	28.9	24.1	29.0	24.1	29.1
68	24.2	29.3	24.3	29.4	24.3	29.4	24.4	29.5	24.5	29.6
69	24.5	29.8	24.6	29.8	24.6	29.9	24.7	30.0	24.8	30.0
70	24.8	30.2	24.9	30.3	25.0	30.4	25.0	30.4	25.1	30.5
71	25.2	30.7	25.2	30.8	25.3	30.9	25.4	30.9	25.4	31.0
72	25.5	31.2	25.6	31.3	25.6	31.3	25.7	31.4	25.8	31.5
73	25.8	31.7	25.9	31.8	25.9	31.8	26.0	31.9	26.1	32.0
74	26.1	32.2	26.2	32.2	26.3	32.3	26.3	32.4	26.4	32.5
75	26.4	32.7	26.5	32.7	26.6	32.8	26.7	32.9	26.7	33.0
76	26.8	33.1	26.8	33.2	26.9	33.3	27.0	33.4	27.1	33.5
77	27.1	33.6	27.2	33.7	27.2	33.8	27.3	33.9	27.4	33.9
78	27.4	34.1	27.5	34.2	27.6	34.3	27.6	34.4	27.7	34.4
79	27.7	34.6	27.8	34.7	27.9	34.8	28.0	34.9	28.0	34.9
80	28.0	35.1	28.1	35.2	28.2	35.3	28.3	35.4	28.4	35.4

— 28°

	39″.1		39″.2		39″.3		39″.4		39″.5	
	+	−	+	−	+	−	+	−	+	−
′	″	″	″	″	″	″	″	″	″	″
1	0.4	0.4	0.4	0.4	0.4	0.4	0.4	0.4	0.4	0.4
2	0.8	0.8	0.8	0.8	0.8	0.8	0.8	0.8	0.8	0.8
3	1.2	1.2	1.2	1.2	1.2	1.2	1.2	1.2	1.2	1.2
4	1.6	1.6	1.6	1.6	1.6	1.6	1.6	1.6	1.6	1.6
5	2.0	2.0	2.0	2.0	2.0	2.0	2.0	2.0	2.0	2.0
6	2.3	2.4	2.3	2.4	2.4	2.4	2.4	2.4	2.4	2.4
7	2.7	2.8	2.7	2.8	2.7	2.8	2.8	2.8	2.8	2.8
8	3.1	3.2	3.1	3.2	3.1	3.2	3.1	3.2	3.1	3.2
9	3.5	3.6	3.5	3.6	3.5	3.6	3.5	3.6	3.5	3.6
10	3.9	4.0	3.9	4.0	3.9	4.0	3.9	4.0	3.9	4.0
11	4.3	4.4	4.3	4.4	4.3	4.4	4.3	4.4	4.3	4.4
12	4.7	4.8	4.7	4.8	4.7	4.8	4.7	4.8	4.7	4.8
13	5.0	5.2	5.1	5.2	5.1	5.2	5.1	5.3	5.1	5.3
14	5.4	5.6	5.4	5.6	5.5	5.7	5.5	5.7	5.5	5.7
15	5.8	6.0	5.8	6.0	5.8	6.1	5.8	6.1	5.9	6.1
16	6.2	6.4	6.2	6.5	6.2	6.5	6.2	6.5	6.2	6.5
17	6.6	6.9	6.6	6.9	6.6	6.9	6.6	6.9	6.6	6.9
18	6.9	7.3	7.0	7.3	7.0	7.3	7.0	7.3	7.0	7.3
19	7.3	7.7	7.3	7.7	7.4	7.7	7.4	7.8	7.4	7.8
20	7.7	8.1	7.7	8.1	7.7	8.1	7.7	8.2	7.8	8.2
21	8.1	8.5	8.1	8.6	8.1	8.6	8.1	8.6	8.1	8.6
22	8.4	8.9	8.5	9.0	8.5	9.0	8.5	9.0	8.5	9.0
23	8.8	9.4	8.8	9.4	8.9	9.4	8.9	9.4	8.9	9.5
24	9.2	9.8	9.2	9.8	9.2	9.8	9.3	9.9	9.3	9.9
25	9.6	10.2	9.6	10.2	9.6	10.3	9.6	10.3	9.7	10.3
26	9.9	10.6	9.9	10.7	10.0	10.7	10.0	10.7	10.0	10.7
27	10.3	11.1	10.3	11.1	10.3	11.1	10.4	11.1	10.4	11.2
28	10.7	11.5	10.7	11.5	10.7	11.5	10.7	11.6	10.8	11.6
29	11.0	11.9	11.1	11.9	11.1	12.0	11.1	12.0	11.1	12.0
30	11.4	12.3	11.4	12.4	11.4	12.4	11.5	12.4	11.5	12.5
31	11.8	12.8	11.8	12.8	11.8	12.8	11.8	12.9	11.9	12.9
32	12.1	13.2	12.2	13.2	12.2	13.3	12.2	13.3	12.2	13.3
33	12.5	13.6	12.5	13.7	12.5	13.7	12.6	13.7	12.6	13.8
34	12.8	14.1	12.9	14.1	12.9	14.2	12.9	14.2	13.0	14.2
35	13.2	14.5	13.2	14.5	13.3	14.6	13.3	14.6	13.3	14.7
36	13.6	14.9	13.6	15.0	13.7	15.0	13.7	15.1	13.7	15.1
37	13.9	15.4	14.0	15.4	14.0	15.5	14.0	15.5	14.1	15.5
38	14.3	15.8	14.3	15.9	14.4	15.9	14.4	15.9	14.4	16.0
39	14.6	16.3	14.7	16.3	14.7	16.3	14.8	16.4	14.8	16.4
40	15.0	16.7	15.0	16.7	15.1	16.8	15.1	16.8	15.1	16.9

	− 28°									
	39″.1		39″.2		39″.3		39″.4		39″.5	
	+	−	+	−	+	−	+	−	+	−
′	″	″	″	″	″	″	″	″	″	″
41	15.3	17.2	15.4	17.2	15.4	17.2	15.5	17.3	15.5	17.3
42	15.7	17.6	15.7	17.6	15.8	17.7	15.8	17.7	15.9	17.8
43	16.1	18.0	16.1	18.1	16.1	18.1	16.2	18.2	16.2	18.2
44	16.4	18.5	16.4	18.5	16.5	18.6	16.5	18.6	16.6	18.7
45	16.7	18.9	16.8	19.0	16.8	19.0	16.9	19.1	16.9	19.1
46	17.1	19.4	17.1	19.4	17.2	19.5	17.2	19.5	17.3	19.6
47	17.4	19.8	17.5	19.9	17.5	19.9	17.6	20.0	17.6	20.0
48	17.8	20.3	17.8	20.3	17.9	20.4	17.9	20.4	18.0	20.5
49	18.1	20.7	18.2	20.8	18.2	20.8	18.3	20.9	18.3	20.9
50	18.5	21.2	18.5	21.2	18.6	21.3	18.6	21.3	18.7	21.4
51	18.8	21.7	18.9	21.7	18.9	21.8	19.0	21.8	19.0	21.9
52	19.2	22.1	19.2	22.2	19.3	22.2	19.3	22.3	19.4	22.3
53	19.5	22.6	19.6	22.6	19.6	22.7	19.7	22.7	19.7	22.8
54	19.8	23.0	19.9	23.1	19.9	23.1	20.0	23.2	20.1	23.2
55	20.2	23.5	20.2	23.5	20.3	23.6	20.3	23.7	20.4	23.7
56	20.5	24.0	20.6	24.0	20.6	24.1	20.7	24.1	20.7	24.2
57	20.9	24.4	20.9	24.5	21.0	24.5	21.0	24.6	21.1	24.7
58	21.2	24.9	21.3	24.9	21.3	25.0	21.4	25.1	21.4	25.1
59	21.5	25.4	21.6	25.4	21.7	25.5	21.7	25.5	21.8	25.6
60	21.9	25.8	21.9	25.9	22.0	25.9	22.0	26.0	22.1	26.1
61	22.2	26.3	22.3	26.4	22.3	26.4	22.4	26.5	22.4	26.5
62	22.5	26.8	22.6	26.8	22.7	26.9	22.7	26.9	22.8	27.0
63	22.9	27.2	22.9	27.3	23.0	27.4	23.1	27.4	23.1	27.5
64	23.2	27.7	23.3	27.8	23.3	27.8	23.4	27.9	23.5	28.0
65	23.5	28.2	23.6	28.3	23.7	28.3	23.7	28.4	23.8	28.4
66	23.9	28.7	23.9	28.7	24.0	28.8	24.1	28.9	24.1	28.9
67	24.2	29.1	24.3	29.2	24.3	29.3	24.4	29.3	24.5	29.4
68	24.5	29.6	24.6	29.7	24.7	29.8	24.7	29.8	24.8	29.9
69	24.9	30.1	24.9	30.2	25.0	30.2	25.1	30.3	25.1	30.4
70	25.2	30.6	25.3	30.7	25.3	30.7	25.4	30.8	25.5	30.9
71	25.5	31.1	25.6	31.1	25.7	31.2	25.7	31.3	25.8	31.4
72	25.8	31.6	25.9	31.6	26.0	31.7	26.1	31.8	26.1	31.9
73	26.2	32.0	26.2	32.1	26.3	32.2	26.4	32.3	26.5	32.3
74	26.5	32.5	26.6	32.6	26.6	32.7	26.7	32.8	26.8	32.8
75	26.8	33.0	26.9	33.1	27.0	33.2	27.0	33.3	27.1	33.3
76	27.1	33.5	27.2	33.6	27.3	33.7	27.4	33.8	27.4	33.8
77	27.5	34.0	27.5	34.1	27.6	34.2	27.7	34.2	27.8	34.3
78	27.8	34.5	27.9	34.6	27.9	34.7	28.0	34.7	28.1	34.8
79	28.1	35.0	28.2	35.1	28.3	35.2	28.3	35.2	28.4	35.3
80	28.4	35.5	28.5	35.6	28.6	35.7	28.7	35.7	28.7	35.8

— 28°

	39″.6		39″.7		39″.8		39″.9		40″.0	
	+	−	+	−	+	−	+	−	+	−
′	″	″	″	″	″	″	″	″	″	″
1	0.4	0.4	0.4	0.4	0.4	0.4	0.4	0.4	0.4	0.4
2	0.8	0.8	0.8	0.8	0.8	0.8	0.8	0.8	0.8	0.8
3	1.2	1.2	1.2	1.2	1.2	1.2	1.2	1.2	1.2	1.2
4	1.6	1.6	1.6	1.6	1.6	1.6	1.6	1.6	1.6	1.6
5	2.0	2.0	2.0	2.0	2.0	2.0	2.0	2.0	2.0	2.0
6	2.4	2.4	2.4	2.4	2.4	2.4	2.4	2.4	2.4	2.4
7	2.8	2.8	2.8	2.8	2.8	2.8	2.8	2.8	2.8	2.8
8	3.2	3.2	3.2	3.2	3.2	3.2	3.2	3.2	3.2	3.3
9	3.5	3.6	3.6	3.6	3.6	3.6	3.6	3.7	3.6	3.7
10	3.9	4.0	3.9	4.0	4.0	4.1	4.0	4.1	4.0	4.1
11	4.3	4.5	4.3	4.5	4.4	4.5	4.4	4.5	4.4	4.5
12	4.7	4.9	4.7	4.9	4.7	4.9	4.8	4.9	4.8	4.9
13	5.1	5.3	5.1	5.3	5.1	5.3	5.1	5.3	5.2	5.3
14	5.5	5.7	5.5	5.7	5.5	5.7	5.5	5.7	5.5	5.7
15	5.9	6.1	5.9	6.1	5.9	6.1	5.9	6.2	5.9	6.2
16	6.3	6.5	6.3	6.5	6.3	6.6	6.3	6.6	6.3	6.6
17	6.6	6.9	6.7	7.0	6.7	7.0	6.7	7.0	6.7	7.0
18	7.0	7.4	7.0	7.4	7.1	7.4	7.1	7.4	7.1	7.4
19	7.4	7.8	7.4	7.8	7.4	7.8	7.5	7.8	7.5	7.9
20	7.8	8.2	7.8	8.2	7.8	8.2	7.8	8.3	7.9	8.3
21	8.2	8.6	8.2	8.7	8.2	8.7	8.2	8.7	8.3	8.7
22	8.6	9.1	8.6	9.1	8.6	9.1	8.6	9.1	8.6	9.1
23	8.9	9.5	9.0	9.5	9.0	9.5	9.0	9.6	9.0	9.6
24	9.3	9.9	9.3	9.9	9.3	10.0	9.4	10.0	9.4	10.0
25	9.7	10.3	9.7	10.4	9.7	10.4	9.8	10.4	9.8	10.4
26	10.1	10.8	10.1	10.8	10.1	10.8	10.1	10.8	10.2	10.9
27	10.4	11.2	10.5	11.2	10.5	11.2	10.5	11.3	10.5	11.3
28	10.8	11.6	10.8	11.7	10.8	11.7	10.9	11.7	10.9	11.7
29	11.2	12.1	11.2	12.1	11.2	12.1	11.3	12.1	11.3	12.2
30	11.5	12.5	11.6	12.5	11.6	12.6	11.6	12.6	11.7	12.6
31	11.9	12.9	11.9	13.0	12.0	13.0	12.0	13.0	12.0	13.1
32	12.3	13.4	12.3	13.4	12.3	13.4	12.4	13.5	12.4	13.5
33	12.6	13.8	12.7	13.8	12.7	13.9	12.7	13.9	12.8	13.9
34	13.0	14.2	13.0	14.3	13.1	14.3	13.1	14.3	13.1	14.4
35	13.4	14.7	13.4	14.7	13.4	14.8	13.5	14.8	13.5	14.8
36	13.7	15.1	13.8	15.2	13.8	15.2	13.8	15.2	13.9	15.3
37	14.1	15.6	14.1	15.6	14.2	15.6	14.2	15.7	14.3	15.7
38	14.5	16.0	14.5	16.1	14.5	16.1	14.6	16.1	14.6	16.2
39	14.8	16.5	14.9	16.5	14.9	16.5	14.9	16.6	15.0	16.6
40	15.2	16.9	15.2	16.9	15.3	17.0	15.3	17.0	15.3	17.1

— 28°

	39″.6		39″.7		39″.8		39″.9		40″.0	
	+	−	+	−	+	−	+	−	+	−
′	″	″	″	″	″	″	″	″	″	″
41	15.6	17.4	15.6	17.4	15.6	17.4	15.7	17.5	15.7	17.5
42	15.9	17.8	15.9	17.8	16.0	17.9	16.0	17.9	16.1	18.0
43	16.3	18.3	16.3	18.3	16.3	18.3	16.4	18.4	16.4	18.4
44	16.6	18.7	16.7	18.8	16.7	18.8	16.8	18.8	16.8	18.9
45	17.0	19.2	17.0	19.2	17.1	19.3	17.1	19.3	17.2	19.3
46	17.3	19.6	17.4	19.7	17.4	19.7	17.5	19.8	17.5	19.8
47	17.7	20.1	17.7	20.1	17.8	20.2	17.8	20.2	17.9	20.3
48	18.0	20.5	18.1	20.6	18.1	20.6	18.2	20.7	18.2	20.7
49	18.4	21.0	18.4	21.0	18.5	21.1	18.5	21.1	18.6	21.2
50	18.7	21.4	18.8	21.5	18.8	21.5	18.9	21.6	18.9	21.7
51	19.1	21.9	19.1	22.0	19.2	22.0	19.2	22.1	19.3	22.1
52	19.4	22.4	19.5	22.4	19.5	22.5	19.6	22.5	19.6	22.6
53	19.8	22.8	19.8	22.9	19.9	22.9	19.9	23.0	20.0	23.0
54	20.1	23.3	20.2	23.4	20.2	23.4	20.3	23.5	20.3	23.5
55	20.5	23.8	20.5	23.8	20.6	23.9	20.6	23.9	20.7	24.0
56	20.8	24.2	20.9	24.3	20.9	24.3	21.0	24.4	21.0	24.5
57	21.1	24.7	21.2	24.8	21.3	24.8	21.3	24.9	21.4	24.9
58	21.5	25.2	21.5	25.2	21.6	25.3	21.7	25.3	21.7	25.4
59	21.8	25.6	21.9	25.7	21.9	25.8	22.0	25.8	22.1	25.9
60	22.2	26.1	22.2	26.2	22.3	26.2	22.3	26.3	22.4	26.4
61	22.5	26.6	22.6	26.7	22.6	26.7	22.7	26.8	22.8	26.8
62	22.8	27.1	22.9	27.1	23.0	27.2	23.0	27.3	23.1	27.3
63	23.2	27.6	23.2	27.6	23.3	27.7	23.4	27.7	23.4	27.8
64	23.5	28.0	23.6	28.1	23.7	28.2	23.7	28.2	23.8	28.3
65	23.9	28.5	23.9	28.6	24.0	28.6	24.1	28.7	24.1	28.8
66	24.2	29.0	24.3	29.1	24.3	29.1	24.4	29.2	24.5	29.3
67	24.5	29.5	24.6	29.5	24.7	29.6	24.7	29.7	24.8	29.7
68	24.9	30.0	24.9	30.0	25.0	30.1	25.1	30.2	25.1	30.2
69	25.2	30.4	25.3	30.5	25.3	30.6	25.4	30.7	25.5	30.7
70	25.5	30.9	25.6	31.0	25.7	31.1	25.7	31.1	25.8	31.2
71	25.9	31.4	25.9	31.5	26.0	31.6	26.1	31.6	26.2	31.7
72	26.2	31.9	26.3	32.0	26.4	32.1	26.4	32.1	26.5	32.2
73	26.5	32.4	26.6	32.5	26.7	32.6	26.8	32.6	26.8	32.7
74	26.9	32.9	26.9	33.0	27.0	33.1	27.1	33.1	27.2	33.2
75	27.2	33.4	27.2	33.5	27.3	33.6	27.4	33.6	27.5	33.7
76	27.5	33.9	27.6	34.0	27.7	34.1	27.7	34.1	27.8	34.2
77	27.8	34.4	27.9	34.5	28.0	34.6	28.1	34.6	28.2	34.7
78	28.2	34.9	28.2	35.0	28.3	35.1	28.4	35.1	28.5	35.2
79	28.5	35.4	28.6	35.5	28.7	35.6	28.7	35.6	28.8	35.7
80	28.8	35.9	28.9	36.0	29.0	36.1	29.1	36.1	29.1	36.2

	40″.1		40″.2		40″.3		40″.4		40″.5	
— 28°	+	−	+	−	+	−	+	−	+	−
′	″	″	″	″	″	″	″	″	″	″
1	0.4	0.4	0.4	0.4	0.4	0.4	0.4	0.4	0.4	0.4
2	0.8	0.8	0.8	0.8	0.8	0.8	0.8	0.8	0.8	0.8
3	1.2	1.2	1.2	1.2	1.2	1.2	1.2	1.2	1.2	1.2
4	1.6	1.6	1.6	1.6	1.6	1.6	1.6	1.6	1.6	1.6
5	2.0	2.0	2.0	2.0	2.0	2.0	2.0	2.0	2.0	2.0
6	2.4	2.4	2.4	2.4	2.4	2.4	2.4	2.5	2.4	2.5
7	2.8	2.8	2.8	2.9	2.8	2.9	2.8	2.9	2.8	2.9
8	3.2	3.3	3.2	3.3	3.2	3.3	3.2	3.3	3.2	3.3
9	3.6	3.7	3.6	3.7	3.6	3.7	3.6	3.7	3.6	3.7
10	4.0	4.1	4.0	4.1	4.0	4.1	4.0	4.1	4.0	4.1
11	4.4	4.5	4.4	4.5	4.4	4.5	4.4	4.5	4.4	4.5
12	4.8	4.9	4.8	4.9	4.8	4.9	4.8	5.0	4.8	5.0
13	5.2	5.3	5.2	5.4	5.2	5.4	5.2	5.4	5.2	5.4
14	5.6	5.8	5.6	5.8	5.6	5.8	5.6	5.8	5.6	5.8
15	6.0	6.2	6.0	6.2	6.0	6.2	6.0	6.2	6.0	6.2
16	6.3	6.6	6.4	6.6	6.4	6.6	6.4	6.7	6.4	6.7
17	6.7	7.0	6.7	7.0	6.8	7.1	6.8	7.1	6.8	7.1
18	7.1	7.5	7.1	7.5	7.2	7.5	7.2	7.5	7.2	7.5
19	7.5	7.9	7.5	7.9	7.5	7.9	7.6	7.9	7.6	8.0
20	7.9	8.3	7.9	8.3	7.9	8.3	7.9	8.4	8.0	8.4
21	8.3	8.7	8.3	8.8	8.3	8.8	8.3	8.8	8.4	8.8
22	8.7	9.2	8.7	9.2	8.7	9.2	8.7	9.2	8.7	9.3
23	9.0	9.6	9.1	9.6	9.1	9.6	9.1	9.7	9.1	9.7
24	9.4	10.0	9.4	10.1	9.5	10.1	9.5	10.1	9.5	10.1
25	9.8	10.5	9.8	10.5	9.9	10.5	9.9	10.5	9.9	10.6
26	10.2	10.9	10.2	10.9	10.2	10.9	10.3	11.0	10.3	11.0
27	10.6	11.3	10.6	11.4	10.6	11.4	10.6	11.4	10.7	11.4
28	10.9	11.8	11.0	11.8	11.0	11.8	11.0	11.9	11.0	11.9
29	11.3	12.2	11.3	12.2	11.4	12.3	11.4	12.3	11.4	12.3
30	11.7	12.6	11.7	12.7	11.7	12.7	11.8	12.7	11.8	12.8
31	12.1	13.1	12.1	13.1	12.1	13.2	12.2	13.2	12.2	13.2
32	12.4	13.5	12.5	13.6	12.5	13.6	12.5	13.6	12.6	13.7
33	12.8	14.0	12.8	14.0	12.9	14.0	12.9	14.1	12.9	14.1
34	13.2	14.4	13.2	14.4	13.3	14.5	13.3	14.5	13.3	14.6
35	13.6	14.9	13.6	14.9	13.6	14.9	13.7	15.0	13.7	15.0
36	13.9	15.3	14.0	15.3	14.0	15.4	14.0	15.4	14.1	15.4
37	14.3	15.8	14.3	15.8	14.4	15.8	14.4	15.9	14.4	15.9
38	14.7	16.2	14.7	16.2	14.7	16.3	14.8	16.3	14.8	16.4
39	15.0	16.7	15.1	16.7	15.1	16.7	15.1	16.8	15.2	16.8
40	15.4	17.1	15.4	17.1	15.5	17.2	15.5	17.2	15.5	17.3

– 28°

′	40″.1 +	40″.1 −	40″.2 +	40″.2 −	40″.3 +	40″.3 −	40″.4 +	40″.4 −	40″.5 +	40″.5 −
	″	″	″	″	″	″	″	″	″	″
41	15.8	17.6	15.8	17.6	15.8	17.6	15.9	17.7	15.9	17.7
42	16.1	18.0	16.2	18.1	16.2	18.1	16.2	18.1	16.3	18.2
43	16.5	18.5	16.5	18.5	16.6	18.6	16.6	18.6	16.7	18.6
44	16.8	18.9	16.9	19.0	16.9	19.0	17.0	19.1	17.0	19.1
45	17.2	19.4	17.2	19.4	17.3	19.5	17.3	19.5	17.4	19.6
46	17.6	19.8	17.6	19.9	17.7	19.9	17.7	20.0	17.7	20.0
47	17.9	20.3	18.0	20.4	18.0	20.4	18.1	20.4	18.1	20.5
48	18.3	20.8	18.3	20.8	18.4	20.9	18.4	20.9	18.5	21.0
49	18.6	21.2	18.7	21.3	18.7	21.3	18.8	21.4	18.8	21.4
50	19.0	21.7	19.0	21.7	19.1	21.8	19.1	21.8	19.2	21.9
51	19.3	22.2	19.4	22.2	19.4	22.3	19.5	22.3	19.5	22.4
52	19.7	22.6	19.7	22.7	19.8	22.7	19.8	22.8	19.9	22.9
53	20.0	23.1	20.1	23.2	20.1	23.2	20.2	23.3	20.3	23.3
54	20.4	23.6	20.4	23.6	20.5	23.7	20.5	23.7	20.6	23.8
55	20.7	24.0	20.8	24.1	20.8	24.2	20.9	24.2	21.0	24.3
56	21.1	24.5	21.1	24.6	21.2	24.6	21.3	24.7	21.3	24.7
57	21.4	25.0	21.5	25.0	21.5	25.1	21.6	25.2	21.7	25.2
58	21.8	25.5	21.8	25.5	21.9	25.6	22.0	25.6	22.0	25.7
59	22.1	25.9	22.2	26.0	22.2	26.1	22.3	26.1	22.4	26.2
60	22.5	26.4	22.5	26.5	22.6	26.5	22.6	26.6	22.7	26.7
61	22.8	26.9	22.9	27.0	22.9	27.0	23.0	27.1	23.1	27.1
62	23.2	27.4	23.2	27.4	23.3	27.5	23.3	27.6	23.4	27.6
63	23.5	27.9	23.6	27.9	23.6	28.0	23.7	28.1	23.8	28.1
64	23.8	28.4	23.9	28.4	24.0	28.5	24.0	28.5	24.1	28.6
65	24.2	28.8	24.3	28.9	24.3	29.0	24.4	29.0	24.4	29.1
66	24.5	29.3	24.6	29.4	24.7	29.5	24.7	29.5	24.8	29.6
67	24.9	29.8	24.9	29.9	25.0	30.0	25.1	30.0	25.1	30.1
68	25.2	30.3	25.3	30.4	25.3	30.4	25.4	30.5	25.5	30.6
69	25.5	30.8	25.6	30.9	25.7	30.9	25.8	31.0	25.8	31.1
70	25.9	31.3	26.0	31.4	26.0	31.4	26.1	31.5	26.2	31.6
71	26.2	31.8	26.3	31.9	26.4	31.9	26.4	32.0	26.5	32.1
72	26.6	32.3	26.6	32.4	26.7	32.4	26.8	32.5	26.9	32.6
73	26.9	32.8	27.0	32.9	27.0	32.9	27.1	33.0	27.2	33.1
74	27.2	33.3	27.3	33.4	27.4	33.4	27.5	33.5	27.5	33.6
75	27.6	33.8	27.6	33.9	27.7	33.9	27.8	34.0	27.9	34.1
76	27.9	34.3	28.0	34.4	28.1	34.4	28.1	34.5	28.2	34.6
77	28.2	34.8	28.3	34.9	28.4	34.9	28.5	35.0	28.5	35.1
78	28.6	35.3	28.6	35.4	28.7	35.5	28.8	35.5	28.9	35.6
79	28.9	35.8	29.0	35.9	29.1	36.0	29.1	36.0	29.2	36.1
80	29.2	36.3	29.3	36.4	29.4	36.5	29.5	36.5	29.5	36.6

— 28°

	40″.6		40″.7		40″.8		40″.9		41″.0	
	+	—	+	—	+	—	+	—	+	—
′	″	″	″	″	″	″	″	″	″	″
1	0.4	0.4	0.4	0.4	0.4	0.4	0.4	0.4	0.4	0.4
2	0.8	0.8	0.8	0.8	0.8	0.8	0.8	0.8	0.8	0.8
3	1.2	1.2	1.2	1.2	1.2	1.2	1.2	1.2	1.2	1.2
4	1.6	1.6	1.6	1.6	1.6	1.6	1.6	1.7	1.6	1.7
5	2.0	2.1	2.0	2.1	2.0	2.1	2.0	2.1	2.0	2.1
6	2.4	2.5	2.4	2.5	2.4	2.5	2.4	2.5	2.5	2.5
7	2.8	2.9	2.8	2.9	2.9	2.9	2.9	2.9	2.9	2.9
8	3.2	3.3	3.2	3.3	3.3	3.3	3.3	3.3	3.3	3.3
9	3.6	3.7	3.6	3.7	3.7	3.7	3.7	3.7	3.7	3.8
10	4.0	4.1	4.0	4.1	4.1	4.2	4.1	4.2	4.1	4.2
11	4.4	4.6	4.4	4.6	4.5	4.6	4.5	4.6	4.5	4.6
12	4.8	5.0	4.8	5.0	4.9	5.0	4.9	5.0	4.9	5.0
13	5.2	5.4	5.2	5.4	5.3	5.4	5.3	5.4	5.3	5.5
14	5.6	5.8	5.6	5.8	5.7	5.9	5.7	5.9	5.7	5.9
15	6.0	6.3	6.0	6.3	6.1	6.3	6.1	6.3	6.1	6.3
16	6.4	6.7	6.4	6.7	6.5	6.7	6.5	6.7	6.5	6.7
17	6.8	7.1	6.8	7.1	6.9	7.2	6.9	7.2	6.9	7.2
18	7.2	7.5	7.2	7.6	7.2	7.6	7.3	7.6	7.3	7.6
19	7.6	8.0	7.6	8.0	7.6	8.0	7.7	8.0	7.7	8.1
20	8.0	8.4	8.0	8.4	8.0	8.4	8.0	8.5	8.1	8.5
21	8.4	8.9	8.4	8.9	8.4	8.9	8.4	8.9	8.5	8.9
22	8.8	9.3	8.8	9.3	8.8	9.3	8.8	9.3	8.9	9.4
23	9.2	9.8	9.2	9.7	9.2	9.8	9.2	9.8	9.3	9.8
24	9.5	10.2	9.6	10.2	9.6	10.2	9.6	10.2	9.6	10.2
25	9.9	10.6	10.0	10.6	10.0	10.6	10.0	10.7	10.0	10.7
26	10.3	11.0	10.3	11.1	10.4	11.1	10.4	11.1	10.4	11.1
27	10.7	11.5	10.7	11.5	10.8	11.5	10.8	11.5	10.8	11.6
28	11.1	11.9	11.1	11.9	11.1	12.0	11.2	12.0	11.2	12.0
29	11.5	12.3	11.5	12.4	11.5	12.4	11.6	12.4	11.6	12.5
30	11.8	12.8	11.9	12.8	11.9	12.9	11.9	12.9	12.0	12.9
31	12.2	13.2	12.3	13.3	12.3	13.3	12.3	13.3	12.3	13.4
32	12.6	13.7	12.6	13.7	12.7	13.8	12.7	13.8	12.7	13.8
33	13.0	14.1	13.0	14.2	13.0	14.2	13.1	14.2	13.1	14.3
34	13.4	14.6	13.4	14.6	13.4	14.7	13.5	14.7	13.5	14.7
35	13.7	15.0	13.8	15.1	13.8	15.1	13.8	15.1	13.9	15.2
36	14.1	15.5	14.1	15.5	14.2	15.6	14.2	15.6	14.2	15.6
37	14.5	15.9	14.5	16.0	14.6	16.0	14.6	16.1	14.6	16.1
38	14.9	16.4	14.9	16.4	14.9	16.5	15.0	16.5	15.0	16.5
39	15.2	16.9	15.3	16.9	15.3	16.9	15.3	17.0	15.4	17.0
40	15.6	17.3	15.6	17.3	15.7	17.4	15.7	17.4	15.7	17.5

— 28°

	40″.6		40″.7		40″.8		40″.9		41″.0	
	+	−	+	−	+	−	+	−	+	−
′	″	″	″	″	″	″	″	″	″	″
41	16.0	17.8	16.0	17.8	16.0	17.8	16.1	17.9	16.1	17.9
42	16.3	18.2	16.4	18.3	16.4	18.3	16.5	18.3	16.5	18.4
43	16.7	18.7	16.7	18.7	16.8	18.8	16.8	18.8	16.9	18.9
44	17.1	19.1	17.1	19.2	17.1	19.2	17.2	19.3	17.2	19.3
45	17.4	19.6	17.5	19.7	17.5	19.7	17.6	19.7	17.6	19.8
46	17.8	20.1	17.9	20.1	17.9	20.2	17.9	20.2	18.0	20.3
47	18.1	20.5	18.2	20.6	18.2	20.6	18.3	20.7	18.3	20.7
48	18.5	21.0	18.6	21.1	18.6	21.1	18.6	21.1	18.7	21.2
49	18.9	21.5	18.9	21.5	19.0	21.6	19.0	21.6	19.1	21.7
50	19.2	21.9	19.3	22.0	19.3	22.0	19.4	22.1	19.4	22.1
51	19.6	22.4	19.6	22.5	19.7	22.5	19.7	22.6	19.8	22.6
52	19.9	22.9	20.0	22.9	20.0	23.0	20.1	23.1	20.1	23.1
53	20.3	23.4	20.4	23.4	20.4	23.5	20.5	23.5	20.5	23.6
54	20.7	23.8	20.7	23.9	20.8	24.0	20.8	24.0	20.9	24.1
55	21.0	24.3	21.1	24.4	21.1	24.4	21.2	24.5	21.2	24.5
56	21.4	24.8	21.4	24.8	21.5	24.9	21.6	25.0	21.6	25.0
57	21.7	25.3	21.8	25.3	21.8	25.4	21.9	25.4	21.9	25.5
58	22.1	25.8	22.1	25.8	22.2	25.9	22.2	25.9	22.3	26.0
59	22.4	26.2	22.5	26.3	22.5	26.4	22.6	26.4	22.7	26.5
60	22.8	26.7	22.8	26.8	22.9	26.8	23.0	26.9	23.0	27.0
61	23.1	27.2	23.2	27.3	23.2	27.3	23.3	27.4	23.4	27.4
62	23.5	27.7	23.5	27.8	23.6	27.8	23.7	27.9	23.7	27.9
63	23.8	28.2	23.9	28.2	23.9	28.3	24.0	28.4	24.1	28.4
64	24.2	28.7	24.2	28.7	24.3	28.8	24.4	28.9	24.4	28.9
65	24.5	29.2	24.6	29.2	24.6	29.3	24.7	29.4	24.8	29.4
66	24.9	29.7	24.9	29.7	25.0	29.8	25.1	29.9	25.1	29.9
67	25.2	30.2	25.3	30.2	25.3	30.3	25.4	30.3	25.5	30.4
68	25.5	30.6	25.6	30.7	25.7	30.8	25.7	30.8	25.8	30 9
69	25.9	31.1	26.0	31.2	26.0	31.3	26.1	31.3	26.2	31.4
70	26.2	31.6	26.3	31.7	26.4	31.8	26.4	31.8	26.5	31.9
71	26.6	32.1	26.7	32.2	26.7	32.3	26.8	32.3	26.9	32.4
72	26.9	32.6	27.0	32.7	27.1	32.8	27.1	32.9	27.2	32.9
73	27.3	33.1	27.3	33.2	27.4	33.3	27.5	33.4	27.6	33.4
74	27.6	33.7	27.7	33.7	27.7	33.8	27.8	33.9	27.9	33.9
75	27.9	34.2	28.0	34.2	28.1	34.3	28.2	34.4	28.2	34.5
76	28.3	34.7	28.4	34.7	28.4	34.8	28.5	34.9	28.6	35.0
77	28.6	35.2	28.7	35.3	28.8	35.3	28.9	35.4	28.9	35.5
78	29.0	35.7	29.0	35.8	29.1	35.8	29.2	35.9	29.3	36.0
79	29.3	36.2	29.4	36.3	29.5	36.4	29.5	36.4	29.6	36.5
80	29.6	36.7	29.7	36.8	29.8	36.9	29.9	36.9	29.9	37.0

	− 28°									
	41″.1		41″.2		41″.3		41″.4		41″.5	
	+	−	+	−	+	−	+	−	+	−
′	″	″	″	″	″	″	″	″	″	″
1	0.4	0.4	0.4	0.4	0.4	0.4	0.4	0.4	0.4	0.4
2	0.8	0.8	0.8	0.8	0.8	0.8	0.8	0.8	0.8	0.8
3	1.2	1.2	1.2	1.2	1.2	1.3	1.2	1.3	1.2	1.3
4	1.6	1.7	1.6	1.7	1.7	1.7	1.7	1.7	1.7	1.7
5	2.1	2.1	2.1	2.1	2.1	2.1	2.1	2.1	2.1	2.1
6	2.5	2.5	2.5	2.5	2.5	2.5	2.5	2.5	2.5	2.5
7	2.9	2.9	2.9	2.9	2.9	2.9	2.9	2.9	2.9	2.9
8	3.3	3.3	3.3	3.3	3.3	3.4	3.3	3.4	3.3	3.4
9	3.7	3.8	3.7	3.8	3.7	3.8	3.7	3.8	3.7	3.8
10	4.1	4.2	4.1	4.2	4.1	4.2	4.1	4.2	4.2	4.2
11	4.5	4.6	4.5	4.6	4.5	4.6	4.5	4.6	4.5	4.7
12	4.9	5.0	4.9	5.1	4.9	5.1	4.9	5.1	4.9	5.1
13	5.3	5.5	5.3	5.5	5.3	5.5	5.3	5.5	5.4	5.5
14	5.7	5.9	5.7	5.9	5.7	5.9	5.7	5.9	5.8	6.0
15	6.1	6.3	6.1	6.3	6.1	6.4	6.1	6.4	6.2	6.4
16	6.5	6.8	6.5	6.8	6.5	6.8	6.5	6.8	6.6	6.8
17	6.9	7.2	6.9	7.2	6.9	7.2	6.9	7.3	7.0	7.3
18	7.3	7.6	7.3	7.7	7.3	7.7	7.3	7.7	7.4	7.7
19	7.7	8.1	7.7	8.1	7.7	8.1	7.7	8.1	7.8	8.1
20	8.1	8.5	8.1	8.5	8.1	8.5	8.1	8.6	8.2	8.6
21	8.5	9.0	8.5	9.0	8.5	9.0	8.5	9.0	8.6	9.0
22	8.9	9.4	8.9	9.4	8.9	9.4	8.9	9.5	9.0	9.5
23	9.3	9.8	9.3	9.9	9.3	9.9	9.3	9.9	9.4	9.9
24	9.7	10.3	9.7	10.3	9.7	10.3	9.7	10.3	9.8	10.4
25	10.1	10.7	10.1	10.7	10.1	10.8	10.1	10.8	10.2	10.8
26	10.4	11.2	10.5	11.2	10.5	11.2	10.5	11.2	10.5	11.3
27	10.8	11.6	10.9	11.6	10.9	11.7	10.9	11.7	10.9	11.7
28	11.2	12.0	11.2	12.1	11.3	12.1	11.3	12.1	11.3	12.2
29	11.6	12.5	11.6	12.5	11.7	12.6	11.7	12.6	11.7	12.6
30	12.0	12.9	12.0	13.0	12.0	13.0	12.1	13.0	12.1	13.1
31	12.4	13.4	12.4	13.4	12.4	13.5	12.5	13.5	12.5	13.5
32	12.8	13.9	12.8	13.9	12.8	13.9	12.9	13.9	12.9	14.0
33	13.2	14.3	13.2	14.3	13.2	14.4	13.2	14.4	13.3	14.4
34	13.5	14.8	13.6	14.8	13.6	14.8	13.6	14.9	13.7	14.9
35	13.9	15.2	13.9	15.2	14.0	15.3	14.0	15.3	14.0	15.4
36	14.3	15.7	14.3	15.7	14.4	15.7	14.4	15.8	14.4	15.8
37	14.7	16.1	14.7	16.2	14.7	16.2	14.8	16.2	14.8	16.3
38	15.0	16.6	15.1	16.6	15.1	16.6	15.2	16.7	15.2	16.7
39	15.4	17.0	15.5	17.1	15.5	17.1	15.5	17.2	15.6	17.2
40	15.8	17.5	15.8	17.5	15.9	17.6	15.9	17.6	15.9	17.7

— 28°

′	41″.1 +	41″.1 −	41″.2 +	41″.2 −	41″.3 +	41″.3 −	41″.4 +	41″.4 −	41″.5 +	41″.5 −
	″	″	″	″	″	″	″	″	″	″
41	16.2	18.0	16.2	18.0	16.2	18.1	16.3	18.1	16.3	18.1
42	16.5	18.4	16.6	18.5	16.6	18.5	16.7	18.6	16.7	18.6
43	16.9	18.9	17.0	18.9	17.0	19.0	17.0	19.0	17.1	19.1
44	17.3	19.4	17.3	19.4	17.3	19.5	17.4	19.5	17.5	19.5
45	17.6	19.8	17.7	19.9	17.7	19.9	17.8	20.0	17.8	20.0
46	18.0	20.3	18.1	20.4	18.1	20.4	18.2	20.4	18.2	20.5
47	18.4	20.8	18.4	20.8	18.5	20.9	18.5	20.9	18.6	21.0
48	18.7	21.2	18.8	21.3	18.8	21.3	18.9	21.4	18.9	21.4
49	19.1	21.7	19.2	21.8	19.2	21.8	19.3	21.9	19.3	21.9
50	19.5	22.2	19.5	22.2	19.6	22.3	19.6	22.3	19.7	22.4
51	19.8	22.7	19.9	22.7	19.9	22.8	20.0	22.8	20.0	22.9
52	20.2	23.2	20.3	23.2	20.3	23.3	20.4	23.3	20.4	23.4
53	20.6	23.6	20.6	23.7	20.7	23.7	20.7	23.8	20.8	23.8
54	20.9	24.1	21.0	24.2	21.0	24.2	21.1	24.3	21.1	24.3
55	21.3	24.6	21.3	24.6	21.4	24.7	21.4	24.8	21.5	24.8
56	21.6	25.1	21.7	25.1	21.8	25.2	21.8	25.2	21.9	25.3
57	22.0	25.6	22.1	25.6	22.1	25.7	22.2	25.7	22.2	25.8
58	22.4	26.0	22.4	26.1	22.5	26.2	22.5	26.2	22.6	26.3
59	22.7	26.5	22.8	26.6	22.8	26.6	22.9	26.7	23.0	26.8
60	23.1	27.0	23.1	27.1	23.2	27.1	23.2	27.2	23.3	27.3
61	23.4	27.5	23.5	27.6	23.5	27.6	23.6	27.7	23.7	27.8
62	23.8	28.0	23.8	28.1	23.9	28.1	24.0	28.2	24.0	28.2
63	24.1	28.5	24.2	28.6	24.3	28.6	24.3	28.7	24.4	28.7
64	24.5	29.0	24.5	29.1	24.6	29.1	24.7	29.2	24.7	29.2
65	24.8	29.5	24.9	29.6	25.0	29.6	25.0	29.7	25.1	29.7
66	25.2	30.0	25.3	30.1	25.3	30.1	25.4	30.2	25.5	30.2
67	25.5	30.5	25.6	30.6	25.7	30.6	25.7	30.7	25.8	30.8
68	25.9	31.0	26.0	31.1	26.0	31.2	26.1	31.2	26.2	31.3
69	26.2	31.5	26.3	31.6	26.4	31.6	26.4	31.7	26.5	31.8
70	26.6	32.0	26.7	32.1	26.7	32.1	26.8	32.2	26.9	32.3
71	26.9	32.5	27.0	32.6	27.1	32.6	27.2	32.7	27.2	32.8
72	27.3	33.0	27.4	33.1	27.4	33.1	27.5	33.2	27.6	33.3
73	27.6	33.5	27.7	33.6	27.8	33.7	27.8	33.7	27.9	33.8
74	28.0	34.0	28.0	34.1	28.1	34.2	28.2	34.2	28.3	34.3
75	28.3	34.5	28.4	34.6	28.5	34.7	28.5	34.8	28.6	34.8
76	28.7	35.0	28.7	35.1	28.8	35.2	28.9	35.3	29.0	35.3
77	29.0	35.6	29.1	35.6	29.2	35.7	29.2	35.8	29.3	35.9
78	29.3	36.1	29.4	36.2	29.5	36.2	29.6	36.3	29.7	36.4
79	29.7	36.6	29.8	36.7	29.8	36.7	29.9	36.8	30.0	36.9
80	30.0	37.1	30.1	37.2	30.2	37.3	30.3	37.3	30.3	37.4

— 28°

′	41″.6 +	41″.6 −	41″.7 +	41″.7 −	41″.8 +	41″.8 −	41″.9 +	41″.9 −	42″.0 +	42″.0 −
	″	″	″	″	″	″	″	″	″	″
1	0.4	0.4	0.4	0.4	0.4	0.4	0.4	0.4	0.4	0.4
2	0.8	0.8	0.8	0.8	0.8	0.8	0.8	0.8	0.8	0.8
3	1.2	1.3	1.2	1.3	1.2	1.3	1.2	1.3	1.2	1.3
4	1.7	1.7	1.7	1.7	1.7	1.7	1.7	1.7	1.7	1.7
5	2.1	2.1	2.1	2.1	2.1	2.1	2.1	2.1	2.1	2.1
6	2.5	2.5	2.5	2.5	2.5	2.5	2.5	2.5	2.5	2.5
7	2.9	2.9	2.9	3.0	2.9	3.0	2.9	3.0	2.9	3.0
8	3.3	3.4	3.3	3.4	3.3	3.4	3.3	3.4	3.3	3.4
9	3.7	3.8	3.7	3.8	3.8	3.8	3.8	3.8	3.8	3.8
10	4.1	4.2	4.1	4.2	4.2	4.3	4.2	4.3	4.2	4.3
11	4.5	4.7	4.6	4.7	4.6	4.7	4.6	4.7	4.6	4.7
12	4.9	5.1	5.0	5.1	5.0	5.1	5.0	5.1	5.0	5.1
13	5.4	5.5	5.4	5.6	5.4	5.6	5.4	5.6	5.4	5.6
14	5.8	6.0	5.8	6.0	5.8	6.0	5.8	6.0	5.8	6.0
15	6.2	6.4	6.2	6.4	6.2	6.4	6.2	6.5	6.2	6.5
16	6.6	6.8	6.6	6.9	6.6	6.9	6.6	6.9	6.6	6.9
17	7.0	7.3	7.0	7.3	7.0	7.3	7.0	7.3	7.1	7.3
18	7.4	7.7	7.4	7.7	7.5	7.8	7.5	7.8	7.6	7.8
19	7.8	8.2	7.8	8.2	7.8	8.2	7.8	8.2	7.9	8.2
20	8.2	8.6	8.2	8.6	8.2	8.6	8.2	8.7	8.3	8.7
21	8.6	9.1	8.6	9.1	8.6	9.1	8.6	9.1	8.7	9.1
22	9.0	9.5	9.0	9.5	9.0	9.5	9.0	9.6	9.1	9.6
23	9.4	9.9	9.4	10.0	9.4	10.0	9.5	10.0	9.5	10.0
24	9.8	10.4	9.8	10.4	9.8	10.4	9.9	10.5	9.9	10.5
25	10.2	10.8	10.2	10.9	10.2	10.9	10.3	10.9	10.3	10.9
26	10.6	11.3	10.6	11.3	10.6	11.3	10.7	11.4	10.7	11.4
27	11.0	11.7	11.0	11.8	11.0	11.8	11.0	11.8	11.1	11.8
28	11.4	12.2	11.4	12.2	11.4	12.2	11.4	12.3	11.5	12.3
29	11.7	12.6	11.8	12.7	11.8	12.7	11.8	12.7	11.9	12.8
30	12.1	13.1	12.2	13.1	12.2	13.2	12.2	13.2	12.3	13.2
31	12.5	13.6	12.6	13.6	12.6	13.6	12.6	13.6	12.6	13.7
32	12.9	14.0	13.0	14.0	13.0	14.1	13.0	14.1	13.0	14.1
33	13.3	14.5	13.3	14.5	13.4	14.5	13.4	14.6	13.4	14.6
34	13.7	14.9	13.7	15.0	13.8	15.0	13.8	15.0	13.8	15.1
35	14.1	15.4	14.1	15.4	14.1	15.5	14.2	15.5	14.2	15.5
36	14.5	15.8	14.5	15.9	14.5	15.9	14.6	16.0	14.6	16.0
37	14.8	16.3	14.9	16.3	14.9	16.4	15.0	16.4	15.0	16.5
38	15.2	16.8	15.3	16.8	15.3	16.9	15.3	16.9	15.4	16.9
39	15.6	17.2	15.6	17.3	15.7	17.3	15.7	17.4	15.8	17.4
40	16.0	17.7	16.9	17.7	16.1	17.8	16.1	17.8	16.1	17.9

	− 28°									
	41″.6		41″.7		41″.8		41″.9		42″.0	
	+	−	+	−	+	−	+	−	+	−
′	″	″	″	″	″	″	″	″	″	″
41	16.4	18.2	16.4	18.2	16.4	18.3	16.5	18.3	16.5	18.3
42	16.8	18.6	16.8	18.7	16.8	18.7	16.8	18.7	16.9	18.8
43	17.1	19.1	17.2	19.2	17.2	19.2	17.3	19.2	17.3	19.3
44	17.5	19.6	17.5	19.6	17.6	19.7	17.6	19.7	17.7	19.8
45	17.9	20.1	17.9	20.1	18.0	20.1	18.0	20.2	18.0	20.2
46	18.2	20.5	18.3	20.6	18.3	20.6	18.4	20.7	18.4	20.7
47	18.6	21.0	18.7	21.1	18.7	21.1	18.8	21.2	18.8	21.2
48	19.0	21.5	19.0	21.5	19.1	21.6	19.1	21.6	19.2	21.7
49	19.4	22.0	19.4	22.0	19.5	22.1	19.5	22.1	19.6	22.2
50	19.7	22.4	19.8	22.5	19.8	22.5	19.9	22.6	19.9	22.6
51	20.1	22.9	20.1	23.0	20.2	23.0	20.2	23.1	20.3	23.1
52	20.5	23.4	20.5	23.5	20.6	23.5	20.6	23.6	20.7	23.6
53	20.8	23.9	20.9	24.0	20.9	24.0	21.0	24.1	21.0	24.1
54	21.2	24.4	21.2	24.4	21.3	24.5	21.4	24.5	21.4	24.6
55	21.6	24.9	21.6	24.9	21.7	25.0	21.7	25.0	21.8	25.1
56	21.9	25.4	22.0	25.4	22.0	25.5	22.1	25.5	22.1	25.6
57	22.3	25.8	22.4	25.9	22.4	26.0	22.5	26.0	22.5	26.1
58	22.6	26.3	22.7	26.4	22.8	26.5	22.8	26.5	22.9	26.6
59	23.0	26.8	23.1	26.9	23.1	26.9	23.2	27.0	23.2	27.1
60	23.4	27.3	23.4	27.4	23.5	27.4	23.5	27.5	23.6	27.6
61	23.7	27.8	23.8	27.9	23.8	27.9	23.9	28.0	24.0	28.1
62	24.1	28.3	24.2	28.4	24.2	28.4	24.3	28.5	24.3	28.6
63	24.4	28.8	24.5	28.9	24.6	28.9	24.6	29.0	24.7	29.1
64	24.8	29.3	24.9	29.4	24.9	29.4	25.0	29.5	25.1	29.6
65	25.2	29.8	25.2	29.9	25.3	29.9	25.4	30.0	25.4	30.1
66	25.5	30.3	25.6	30.4	25.7	30.4	25.7	30.5	25.8	30.6
67	25.9	30.8	26.0	30.9	26.0	31.0	26.1	31.0	26.1	31.1
68	26.2	31.3	26.3	31.4	26.4	31.5	26.4	31.5	26.5	31.6
69	26.6	31.8	26.7	31.9	26.7	32.0	26.8	32.0	26.9	32.1
70	26.9	32.3	27.0	32.4	27.1	32.5	27.1	32.5	27.2	32.6
71	27.3	32.8	27.4	32.9	27.4	33.0	27.5	33.1	27.6	33.1
72	27.6	33.4	27.7	33.4	27.8	33.5	27.9	33.6	27.9	33.6
73	28.0	33.9	28.1	34.0	28.1	34.0	28.2	34.1	28.3	34.2
74	28.3	34.4	28.4	34.5	28.5	34.5	28.6	34.6	28.6	34.7
75	28.7	34.9	28.8	35.0	28.8	35.1	28.9	35.1	29.0	35.2
76	29.0	35.4	29.1	35.5	29.2	35.6	29.3	35.7	29.3	35.7
77	29.4	35.9	29.5	36.0	29.5	36.1	29.6	36.2	29.7	36.2
78	29.7	36.5	29.8	36.5	29.9	36.6	30.0	36.7	30.0	36.8
79	30.1	37.0	30.2	37.1	30.2	37.1	30.3	37.2	30.4	37.3
80	30.4	37.5	30.5	37.6	30.6	37.7	30.7	37.7	30.7	37.8

— 28°

	42″.1		42″.2		42″.3		42″.4		42″.5	
	+	−	+	−	+	−	+	−	+	−
′	″	″	″	″	″	″	″	″	″	″
1	0.4	0.4	0.4	0.4	0.4	0.4	0.4	0.4	0.4	0.4
2	0.8	0.8	0.8	0.9	0.8	0.9	0.8	0.9	0.8	0.9
3	1.3	1.3	1.3	1.3	1.3	1.3	1.3	1.3	1.3	1.3
4	1.7	1.7	1.7	1.7	1.7	1.7	1.7	1.7	1.7	1.7
5	2.1	2.1	2.1	2.1	2.1	2.1	2.1	2.1	2.1	2.1
6	2.5	2.6	2.5	2.6	2.5	2.6	2.5	2.6	2.5	2.6
7	2.9	3.0	2.9	3.0	3.0	3.0	3.0	3.0	3.0	3.0
8	3.4	3.4	3.4	3.4	3.4	3.4	3.4	3.4	3.4	3.5
9	3.8	3.9	3.8	3.9	3.8	3.9	3.8	3.9	3.8	3.9
10	4.2	4.3	4.2	4.3	4.2	4.3	4.2	4.3	4.2	4.3
11	4.6	4.7	4.6	4.7	4.6	4.7	4.6	4.8	4.6	4.8
12	5.0	5.2	5.0	5.2	5.0	5.2	5.1	5.2	5.1	5.2
13	5.4	5.6	5.4	5.6	5.5	5.6	5.5	5.6	5.5	5.7
14	5.8	6.0	5.9	6.1	5.9	6.1	5.9	6.1	5.9	6.1
15	6.3	6.5	6.3	6.5	6.3	6.5	6.3	6.5	6.3	6.5
16	6.7	6.9	6.7	6.9	6.7	7.0	6.7	7.0	6.7	7.0
17	7.1	7.4	7.1	7.4	7.1	7.4	7.1	7.4	7.1	7.4
18	7.5	7.8	7.5	7.8	7.5	7.9	7.5	7.9	7.5	7.9
19	7.9	8.3	7.9	8.3	7.9	8.3	7.9	8.3	8.0	8.3
20	8.3	8.7	8.3	8.7	8.3	8.7	8.3	8.8	8.4	8.8
21	8.7	9.2	8.7	9.2	8.7	9.2	8.8	9.2	8.8	9.2
22	9.1	9.6	9.1	9.6	9.1	9.7	9.2	9.7	9.2	9.7
23	9.5	10.1	9.5	10.1	9.5	10.1	9.6	10.1	9.6	10.2
24	9.9	10.5	9.9	10.5	9.9	10.6	10.0	10.6	10.0	10.6
25	10.3	11.0	10.3	11.0	10.4	11.0	10.4	11.0	10.4	11.1
26	10.7	11.4	10.7	11.4	10.8	11.5	10.8	11.5	10.8	11.5
27	11.1	11.9	11.1	11.9	11.2	11.9	11.2	12.0	11.2	12.0
28	11.5	12.3	11.5	12.4	11.6	12.4	11.6	12.4	11.6	12.4
29	11.9	12.8	11.9	12.8	12.0	12.9	12.0	12.9	12.0	12.9
30	12.3	13.2	12.3	13.3	12.3	13.3	12.4	13.3	12.4	13.4
31	12.7	13.7	12.7	13.7	12.7	13.8	12.8	13.8	12.8	13.8
32	13.1	14.2	13.1	14.2	13.1	14.2	13.2	14.3	13.2	14.3
33	13.5	14.6	13.5	14.7	13.5	14.7	13.6	14.7	13.6	14.8
34	13.9	15.1	13.9	15.1	13.9	15.2	14.0	15.2	14.0	15.2
35	14.3	15.6	14.3	15.6	14.3	15.6	14.4	15.7	14.4	15.7
36	14.6	16.0	14.7	16.1	14.7	16.1	14.7	16.1	14.8	16.2
37	15.0	16.5	15.1	16.5	15.1	16.6	15.1	16.6	15.2	16.6
38	15.4	17.0	15.5	17.0	15.5	17.0	15.5	17.1	15.6	17.1
39	15.8	17.4	15.8	17.5	15.9	17.5	15.9	17.6	16.0	17.6
40	16.2	17.9	16.2	17.9	16.3	18.0	16.3	18.0	16.3	18.1

	42″.1		42″.2		42″.3		42″.4		42″.5	
— 28⁰	+	—	+	—	+	—	+	—	+	—
′	″	″	″	″	″	″	″	″	″	″
41	16.6	18.4	16.6	18.4	16.7	18.5	16.7	18.5	16.7	18.5
42	17.0	18.9	17.0	18.9	17.0	18.9	17.1	19.0	17.1	19.0
43	17.3	19.3	17.4	19.4	17.4	19.4	17.5	19.5	17.5	19.5
44	17.7	19.8	17.8	19.9	17.8	19.9	17.9	19.9	17.9	20.0
45	18.1	20.3	18.1	20.3	18.2	20.4	18.2	20.4	18.3	20.5
46	18.5	20.8	18.5	20.8	18.6	20.9	18.6	20.9	18.7	20.9
47	18.9	21.2	18.9	21.3	18.9	21.3	19.0	21.4	19.0	21.4
48	19.2	21.7	19.3	21.8	19.3	21.8	19.4	21.9	19.4	21.9
49	19.6	22.2	19.7	22.3	19.7	22.3	19.8	22.4	19.8	22.4
50	20.0	22.7	20.0	22.7	20.1	22.8	20.1	22.8	20.2	22.9
51	20.4	23.2	20.4	23.2	20.5	23.3	20.5	23.3	20.6	23.4
52	20.7	23.7	20.8	23.7	20.8	23.8	20.9	23.8	20.9	23.9
53	21.1	24.2	21.1	24.2	21.2	24.3	21.3	24.3	21.3	24.4
54	21.5	24.7	21.5	24.7	21.6	24.8	21.6	24.8	21.7	24.9
55	21.8	25.1	21.9	25.2	21.9	25.3	22.0	25.3	22.1	25.4
56	22.2	25.6	22.3	25.7	22.3	25.7	22.4	25.8	22.4	25.9
57	22.6	26.1	22.6	26.2	22.7	26.2	22.8	26.3	22.8	26.4
58	22.9	26.6	23.0	26.7	23.1	26.7	23.1	26.8	23.2	26.9
59	23.3	27.1	23.4	27.2	23.4	27.2	23.5	27.3	23.5	27.4
60	23.7	27.6	23.7	27.7	23.8	27.7	23.8	27.8	23.9	27.9
61	24.0	28.1	24.1	28.2	24.2	28.2	24.2	28.3	24.3	28.4
62	24.4	28.6	24.5	28.7	24.5	28.7	24.6	28.8	24.6	28.9
63	24.8	29.1	24.8	29.2	24.9	29.2	25.0	29.3	25.0	29.4
64	25.1	29.6	25.2	29.7	25.3	29.8	25.3	29.8	25.4	29.9
65	25.5	30.1	25.6	30.2	25.6	30.3	25.7	30.3	25.7	30.4
66	25.9	30.6	25.9	30.7	26.0	30.8	26.0	30.8	26.1	30.9
67	26.2	31.2	26.3	31.2	26.3	31.3	26.4	31.4	26.5	31.4
68	26.6	31.7	26.6	31.7	26.7	31.8	26.8	31.9	26.8	31.9
69	26.9	32.2	27.0	32.2	27.1	32.3	27.1	32.4	27.2	32.4
70	27.3	32.7	27.4	32.8	27.4	32.8	27.5	32.9	27.6	33.0
71	27.7	33.2	27.7	33.3	27.8	33.3	27.8	33.4	27.9	33.5
72	28.0	33.7	28.1	33.8	28.1	33.9	28.2	33.9	28.3	34.0
73	28.4	34.2	28.4	34.3	28.5	34.4	28.6	34.5	28.7	34.5
74	28.7	34.8	28.8	34.8	28.9	34.9	28.9	35.0	29.0	35.1
75	29.1	35.3	29.1	35.4	29.2	35.4	29.3	35.5	29.4	35.6
76	29.4	35.8	29.5	35.9	29.6	36.0	29.6	36.0	29.7	36.1
77	29.8	36.3	29.9	36.4	29.9	36.5	30.0	36.6	30.1	36.6
78	30.1	36.9	30.2	36.9	30.3	37.0	30.4	37.1	30.4	37.2
79	30.5	37.4	30.6	37.5	30.6	37.5	30.7	37.6	30.8	37.7
80	30.8	37.9	30.9	38.0	31.0	38.1	31.1	38.1	31.1	38.2

— 28°

	42″.6		42″.7		42″.8		42″.9		43″.0	
	+	−	+	−	+	−	+	−	+	−
′	″	″	″	″	″	″	″	″	″	″
1	0.4	0.4	0.4	0.4	0.4	0.4	0.4	0.4	0.4	0.4
2	0.8	0.9	0.9	0.9	0.9	0.9	0.9	0.9	0.9	0.9
3	1.3	1.3	1.3	1.3	1.3	1.3	1.3	1.3	1.3	1.3
4	1.7	1.7	1.7	1.7	1.7	1.7	1.7	1.7	1.7	1.7
5	2.1	2.2	2.1	2.2	2.1	2.2	2.1	2.2	2.1	2.2
6	2.6	2.6	2.6	2.6	2.6	2.6	2.6	2.6	2.6	2.6
7	3.0	3.0	3.0	3.0	3.0	3.0	3.0	3.0	3.0	3.0
8	3.4	3.5	3.4	3.5	3.4	3.5	3.4	3.5	3.4	3.5
9	3.8	3.9	3.8	3.9	3.8	3.9	3.8	3.9	3.9	3.9
10	4.2	4.3	4.2	4.3	4.3	4.4	4.3	4.4	4.3	4.4
11	4.7	4.8	4.7	4.8	4.7	4.8	4.7	4.8	4.7	4.8
12	5.1	5.2	5.1	5.2	5.1	5.2	5.1	5.3	5.1	5.3
13	5.5	5.7	5.5	5.7	5.5	5.7	5.5	5.7	5.5	5.7
14	5.9	6.1	5.9	6.1	5.9	6.1	6.0	6.2	6.0	6.2
15	6.3	6.6	6.3	6.6	6.4	6.6	6.4	6.6	6.4	6.6
16	6.7	7.0	6.8	7.0	6.8	7.0	6.8	7.1	6.8	7.1
17	7.2	7.5	7.2	7.5	7.2	7.5	7.2	7.5	7.2	7.5
18	7.6	7.9	7.6	7.9	7.6	7.9	7.6	8.0	7.6	8.0
19	8.0	8.4	8.0	8.4	8.0	8.4	8.0	8.4	8.1	8.4
20	8.4	8.8	8.4	8.8	8.4	8.8	8.4	8.9	8.5	8.9
21	8.8	9.3	8.8	9.3	8.8	9.3	8.9	9.3	8.9	9.3
22	9.2	9.7	9.2	9.7	9.3	9.8	9.3	9.8	9.3	9.8
23	9.6	10.2	9.6	10.2	9.7	10.2	9.7	10.2	9.7	10.3
24	10.0	10.6	10.0	10.7	10.1	10.7	10.1	10.7	10.1	10.7
25	10.4	11.1	10.5	11.1	10.5	11.1	10.5	11.2	10.5	11.2
26	10.8	11.6	10.9	11.6	10.9	11.6	10.9	11.6	10.9	11.7
27	11.2	12.0	11.3	12.0	11.3	12.1	11.3	12.1	11.3	12.1
28	11.6	12.5	11.7	12.5	11.7	12.5	11.7	12.5	11.7	12.6
29	12.0	12.9	12.1	13.0	12.1	13.0	12.1	13.0	12.2	13.0
30	12.4	13.4	12.5	13.4	12.5	13.5	12.5	13.5	12.6	13.5
31	12.8	13.9	12.9	13.9	12.9	13.9	12.9	14.0	13.0	14.0
32	13.2	14.3	13.3	14.4	13.3	14.4	13.3	14.4	13.4	14.5
33	13.6	14.8	13.7	14.8	13.7	14.9	13.7	14.9	13.8	14.9
34	14.0	15.3	14.1	15.3	14.1	15.3	14.1	15.4	14.2	15.4
35	14.4	15.7	14.5	15.8	14.5	15.8	14.5	15.8	14.6	15.9
36	14.8	16.2	14.9	16.2	14.9	16.3	15.0	16.4	15.0	16.4
37	15.2	16.7	15.2	16.7	15.3	16.8	15.3	16.8	15.4	16.8
38	15.6	17.2	15.6	17.2	15.7	17.2	15.7	17.3	15.8	17.3
39	16.0	17.6	16.0	17.7	16.1	17.7	16.1	17.8	16.2	17.8
40	16.4	18.1	16.4	18.1	16.5	18.2	16.5	18.2	16.5	18.3

— 28°

′	42″.6 +	42″.6 −	42″.7 +	42″.7 −	42″.8 +	42″.8 −	42″.9 +	42″.9 −	43″.0 +	43″.0 −
41	16.8	18.6	16.8	18.6	16.9	18.7	16.9	18.7	16.9	18.7
42	17.2	19.1	17.2	19.1	17.3	19.1	17.3	19.2	17.3	19.2
43	17.6	19.5	17.6	19.6	17.6	19.6	17.7	19.7	17.7	19.7
44	17.9	20.0	18.0	20.1	18.0	20.1	18.1	20.2	18.1	20.2
45	18.3	20.5	18.4	20.6	18.4	20.6	18.5	20.6	18.5	20.7
46	18.7	21.0	18.8	21.0	18.8	21.1	18.8	21.1	18.9	21.2
47	19.1	21.5	19.1	21.5	19.2	21.6	19.2	21.6	19.3	21.7
48	19.5	22.0	19.5	22.0	19.6	22.1	19.6	22.1	19.7	22.2
49	19.8	22.5	19.9	22.5	20.0	22.6	20.0	22.6	20.0	22.7
50	20.2	22.9	20.3	23.0	20.3	23.0	20.4	23.1	20.4	23.1
51	20.6	23.4	20.7	23.5	20.7	23.5	20.8	23.6	20.8	23.6
52	21.0	23.9	21.0	24.0	21.1	24.0	21.1	24.1	21.2	24.1
53	21.4	24.4	21.4	24.5	21.5	24.5	21.5	24.6	21.6	24.6
54	21.7	24.9	21.8	25.0	21.8	25.0	21.9	25.1	21.9	25.1
55	22.1	25.4	22.2	25.5	22.2	25.5	22.3	25.6	22.3	25.6
56	22.5	25.9	22.5	26.0	22.6	26.0	22.7	26.1	22.7	26.1
57	22.9	26.4	22.9	26.5	23.0	26.5	23.0	26.6	23.1	26.6
58	23.2	26.9	23.3	27.0	23.3	27.0	23.4	27.1	23.5	27.1
59	23.6	27.4	23.7	27.5	23.7	27.5	23.8	27.6	23.8	27.7
60	24.0	27.9	24.0	28.0	24.1	28.0	24.1	28.1	24.2	28.2
61	24.3	28.4	24.4	28.5	24.5	28.5	24.5	28.6	24.6	28.7
62	24.7	28.9	24.8	29.0	24.8	29.1	24.9	29.1	25.0	29.2
63	25.1	29.4	25.1	29.5	25.2	29.6	25.3	29.6	25.3	29.7
64	25.4	29.9	25.5	30.0	25.6	30.1	25.6	30.1	25.7	30.2
65	25.8	30.5	25.9	30.5	25.9	30.6	26.0	30.7	26.1	30.7
66	26.2	31.0	26.3	31.0	26.3	31.1	26.4	21.2	26.4	31.2
67	26.5	31.5	26.6	31.6	26.7	31.6	26.7	31.7	26.8	31.8
68	26.9	32.0	27.0	32.1	27.0	32.1	27.1	32.2	27.2	32.3
69	27.3	32.5	27.3	32.6	27.4	32.7	27.5	32.7	27.5	32.8
70	27.6	33.0	27.7	33.1	27.8	33.2	27.8	33.2	27.9	33.3
71	28.0	33.6	28.1	33.6	28.1	33.7	28.2	33.8	28.3	33.8
72	28.4	34.1	28.4	34.2	28.5	34.2	28.6	34.3	28.6	34.4
73	28.7	34.6	28.8	34.7	28.9	34.8	28.9	34.8	29.0	34.9
74	29.1	35.1	29.2	35.2	29.2	35.3	29.3	35.4	29.4	35.4
75	29.4	35.7	29.5	35.7	29.6	35.8	29.7	35.9	29.8	36.0
76	29.8	36.2	29.9	36.3	30.0	36.3	30.0	36.4	30.1	36.5
77	30.2	36.7	30.2	36.8	30.3	36.9	30.4	36.9	30.5	37.0
78	30.5	37.2	30.6	37.3	30.7	37.4	30.8	37.5	30.8	37.6
79	30.9	37.8	31.0	37.9	31.0	37.9	31.1	38.0	31.2	38.1
80	31.2	38.3	31.3	38.4	31.4	38.5	31.5	38.5	31.5	38.6

	− 28°		− 30°							
	43″.1		54″.7		54″.8		54″.9		55″.0	
	+	−	+	−	+	−	+	−	+	−
′	″	″	″	″	″	″	″	″	″	″
1	0.4	0.4	0.5	0.6	0.5	0.6	0.5	0.6	0.5	0.6
2	0.9	0.9	1.1	1.1	1.1	1.1	1.1	1.1	1.1	1.1
3	1.3	1.3	1.6	1.7	1.6	1.7	1.6	1.7	1.6	1.7
4	1.7	1.7	2.2	2.2	2.2	2.2	2.2	2.2	2.2	2.2
5	2.2	2.2	2.7	2.8	2.7	2.8	2.7	2.8	2.7	2.8
6	2.6	2.6	3.3	3.4	3.3	3.4	3.3	3.4	3.3	3.4
7	3.0	3.1	3.8	3.9	3.8	3.9	3.8	3.9	3.8	3.9
8	3.4	3.5	4.3	4.5	4.4	4.5	4.4	4.5	4.4	4.5
9	3.9	3.9	4.9	5.1	4.9	5.1	4.9	5.1	4.9	5.1
10	4.3	4.4	5.4	5.6	5.4	5.6	5.4	5.6	5.4	5.6
11	4.7	4.8	6.0	6.2	6.0	6.2	6.0	6.2	6.0	6.2
12	5.1	5.3	6.5	6.8	6.5	6.8	6.5	6.8	6.5	6.8
13	5.6	5.7	7.0	7.3	7.0	7.3	7.0	7.4	7.1	7.4
14	6.0	6.2	7.5	7.9	7.6	7.9	7.6	7.9	7.6	8.0
15	6.4	6.6	8.1	8.5	8.1	8.5	8.1	8.5	8.1	8.5
16	6.8	7.1	8.6	9.1	8.6	9.1	8.6	9.1	8.6	9.1
17	7.2	7.5	9.1	9.7	9.1	9.7	9.1	9.7	9.2	9.7
18	7.7	8.0	9.6	10.2	9.7	10.2	9.7	10.3	9.7	10.3
19	8.1	8.4	10.2	10.8	10.2	10.8	10.2	10.9	10.2	10.9
20	8.5	8.9	10.7	11.4	10.7	11.4	10.7	11.5	10.7	11.5
21	8.9	9.4	11.2	12.0	11.2	12.0	11.2	12.0	11.3	12.1
22	9.3	9.8	11.7	12.6	11.7	12.6	11.8	12.6	11.8	12.7
23	9.7	10.3	12.2	13.2	12.2	13.2	12.3	13.2	12.3	13.3
24	10.1	10.8	12.7	13.8	12.8	13.8	12.8	13.8	12.8	13.9
25	10.6	11.2	13.3	14.4	13.3	14.4	13.3	14.4	13.3	14.5
26	11.0	11.7	13.8	15.0	13.8	15.0	13.8	15.0	13.8	15.1
27	11.4	12.1	14.3	15.6	14.3	15.6	14.3	15.6	14.3	15.7
28	11.8	12.6	14.8	16.2	14.8	16.2	14.8	16.3	14.8	16.3
29	12.2	13.1	15.3	16.8	15.3	16.8	15.3	16.9	15.3	16.9
30	12.6	13.5	15.8	17.4	15.8	17.4	15.8	17.5	15.9	17.5
31	13.0	14.0	16.3	18.0	16.3	18.1	16.3	18.1	16.4	18.1
32	13.4	14.5	16.8	18.6	16.8	18.7	16.8	18.7	16.9	18.7
33	13.8	15.0	17.3	19.3	17.3	19.3	17.3	19.3	17.4	19.4
34	14.2	15.4	17.8	19.9	17.8	19.9	17.8	19.9	17.9	20.0
35	14.6	15.9	18.2	20.5	18.3	20.5	18.3	20.6	18.4	20.6
36	15.0	16.4	18.7	21.1	18.8	21.2	18.8	21.2	18.9	21.2
37	15.4	16.9	19.2	21.7	19.3	21.8	19.3	21.8	19.3	21.9
38	15.8	17.3	19.7	22.4	19.7	22.4	19.8	22.5	19.8	22.5
39	16.2	17.8	20.2	23.0	20.2	23.0	20.3	23.1	20.3	23.1
40	16.6	18.3	20.7	23.6	20.7	23.7	20.8	23.7	20.8	23.8

	— 28°		— 30°							
	43″.1		54″.7		54″.8		54″.9		55″.0	
	+	—	+	—	+	—	+	—	+	—
′	″	″	″	″	″	″	″	″	″	″
41	17.0	18.8	21.2	24.3	21.2	24.3	21.3	24.4	21.3	24.4
42	17.4	19.3	21.7	24.9	21.7	25.0	21.7	25.0	21.8	25.0
43	17.8	19.8	22.1	25.6	22.2	25.6	22.2	25.6	22.3	25.7
44	18.2	20.3	22.6	26.2	22.7	26.2	22.7	26.3	22.7	26.3
45	18.5	20.7	23.1	26.8	23.1	26.9	23.2	26.9	23.2	27.0
46	18.9	21.2	23.6	27.5	23.6	27.5	23.7	27.6	23.7	27.6
47	19.3	21.7	24.0	28.1	24.1	28.2	24.1	28.2	24.2	28.3
48	19.7	22.2	24.5	28.8	24.6	28.8	24.6	28.9	24.7	28.9
49	20.1	22.7	25.0	29.4	25.0	29.5	25.1	29.5	25.1	29.6
50	20.5	23.2	25.5	30.1	25.5	30.1	25.6	30.2	25.6	30.2
51	20.9	23.7	25.9	30.7	26.0	30.8	26.0	30.8	26.1	30.9
52	21.2	24.2	26.4	31.4	26.5	31.4	26.5	31.5	26.6	31.5
53	21.6	24.7	26.9	32.1	26.9	32.1	27.0	32.2	27.0	32.2
54	22.0	25.2	27.3	32.7	27.4	32.8	27.4	32.8	27.5	32.9
55	22.4	25.7	27.8	33.4	27.9	33.4	27.9	33.5	28.0	33.5
56	22.7	26.2	28.3	34.0	28.3	34.1	28.4	34.2	28.4	34.2
57	23.1	26.7	28.7	34.7	28.8	34.8	28.8	34.8	28.9	34.9
58	23.5	27.2	29.2	35.4	29.2	35.5	29.3	35.5	29.4	35.6
59	23.9	27.7	29.7	36.1	29.7	36.1	29.8	36.2	29.8	36.3
60	24.3	28.2	30.1	36.8	30.2	36.8	30.2	36.9	30.3	36.9
61	24.6	28.7	30.6	37.4	30.6	37.5	30.7	37.6	30.8	37.6
62	25.0	29.2	31.0	38.1	31.1	38.2	31.1	38.2	31.2	38.3
63	25.4	29.8	31.5	38.8	31.5	38.9	31.6	38.9	31.7	39.0
64	25.8	30.3	31.9	39.5	32.0	39.6	32.0	39.6	32.1	39.7
65	26.1	30.8	32.4	40.2	32.4	40.2	32.5	40.3	32.6	40.4
66	26.5	31.3	32.8	40.9	32.9	40.9	33.0	41.0	33.0	41.1
67	26.9	31.8	33.3	41.6	33.3	41.6	33.4	41.7	33.5	41.8
68	27.2	32.3	33.7	42.3	33.8	42.3	33.9	42.4	33.9	42.5
69	27.6	32.9	34.2	43.0	34.2	43.0	34.3	43.1	34.4	43.2
70	28.0	33.4	34.6	43.7	34.7	43.8	34.7	43.8	34.8	43.9
71	28.4	33.9	35.0	44.4	35.1	44.5	35.2	44.5	35.3	44.6
72	28.7	34.4	35.5	45.1	35.6	45.2	35.6	45.2	35.7	45.3
73	29.1	35.0	35.9	45.8	36.0	45.9	36.1	46.0	36.1	46.0
74	29.5	35.5	36.4	46.5	36.4	46.6	36.5	46.7	36.6	46.8
75	29.8	36.0	36.8	47.2	36.9	47.3	36.9	47.4	37.0	47.5
76	30.2	36.6	37.2	48.0	37.3	48.0	37.4	48.1	37.5	48.2
77	30.5	37.1	37.7	48.7	37.7	48.8	37.8	48.8	37.9	48.9
78	30.9	37.6	38.1	49.4	38.2	49.5	38.2	49.6	38.3	49.6
79	31.3	38.2	38.5	50.1	38.6	50.2	38.7	50.3	38.7	50.4
80	31.6	38.7	38.9	50.9	39.0	51.0	39.1	51.0	39.2	51.1

— 30°

′	55″.1 +	55″.1 −	55″.2 +	55″.2 −	55″.3 +	55″.3 −	55″.4 +	55″.4 −	55″.5 +	55″.5 −
	″	″	″	″	″	″	″	″	″	″
1	0.6	0.6	0.6	0.6	0.6	0.6	0.6	0.6	0.6	0.6
2	1.1	1.1	1.1	1.1	1.1	1.1	1.1	1.1	1.1	1.1
3	1.7	1.7	1.7	1.7	1.7	1.7	1.7	1.7	1.7	1.7
4	2.2	2.2	2.2	2.2	2.2	2.2	2.2	2.3	2.2	2.3
5	2.7	2.8	2.7	2.8	2.8	2.8	2.8	2.8	2.8	2.8
6	3.3	3.4	3.3	3.4	3.3	3.4	3.3	3.4	3.3	3.4
7	3.8	3.9	3.8	4.0	3.9	4.0	3.9	4.0	3.9	4.0
8	4.4	4.5	4.4	4.5	4.4	4.5	4.4	4.5	4.4	4.5
9	4.9	5.1	4.9	5.1	4.9	5.1	4.9	5.1	5.0	5.1
10	5.5	5.7	5.5	5.7	5.5	5.7	5.5	5.7	5.5	5.7
11	6.0	6.2	6.0	6.2	6.0	6.3	6.0	6.3	6.0	6.3
12	6.5	6.8	6.5	6.8	6.6	6.8	6.6	6.8	6.6	6.9
13	7.1	7.4	7.1	7.4	7.1	7.4	7.1	7.4	7.1	7.4
14	7.6	8.0	7.6	8.0	7.6	8.0	7.6	8.0	7.6	8.0
15	8.1	8.5	8.2	8.6	8.2	8.6	8.2	8.6	8.2	8.6
16	8.7	9.1	8.7	9.1	8.7	9.2	8.7	9.2	8.7	9.2
17	9.2	9.7	9.2	9.7	9.2	9.8	9.2	9.8	9.2	9.8
18	9.7	10.3	9.7	10.3	9.7	10.3	9.8	10.4	9.8	10.4
19	10.2	10.9	10.3	10.9	10.3	10.9	10.3	11.0	10.3	11.0
20	10.8	11.5	10.8	11.5	10.8	11.5	10.8	11.5	10.8	11.6
21	11.3	12.1	11.3	12.1	11.3	12.1	11.3	12.1	11.4	12.2
22	11.8	12.7	11.8	12.7	11.9	12.7	11.8	12.7	11.9	12.8
23	12.3	13.3	12.3	13.3	12.4	13.3	12.4	13.4	12.4	13.4
24	12.8	13.9	12.9	13.9	12.9	13.9	12.9	14.0	12.9	14.0
25	13.4	14.5	13.4	14.5	13.4	14.5	13.4	14.6	13.5	14.6
26	13.9	15.1	13.9	15.1	13.9	15.1	13.9	15.2	14.0	15.2
27	14.4	15.7	14.4	15.7	14.4	15.7	14.4	15.8	14.5	15.8
28	14.9	16.3	14.9	16.3	14.9	16.4	15.0	16.4	15.0	16.4
29	15.4	16.9	15.4	16.9	15.4	17.0	15.5	17.0	15.5	17.0
30	15.9	17.5	15.9	17.6	15.9	17.6	16.0	17.6	16.0	17.7
31	16.4	18.1	16.4	18.2	16.5	18.2	16.5	18.2	16.5	18.3
32	16.9	18.8	16.9	18.8	17.0	18.8	17.0	18.9	17.0	18.9
33	17.4	19.4	17.4	19.4	17.5	19.5	17.5	19.5	17.5	19.5
34	17.9	20.0	17.9	20.1	18.0	20.1	18.0	20.1	18.0	20.1
35	18.4	20.6	18.4	20.7	18.5	20.7	18.5	20.8	18.5	20.8
36	18.9	21.3	18.9	21.3	19.0	21.3	19.0	21.4	19.0	21.4
37	19.4	21.9	19.4	21.9	19.5	22.0	19.5	22.0	19.5	22.0
38	19.9	22.5	19.9	22.6	19.9	22.6	20.0	22.6	20.0	22.7
39	20.4	23.2	20.4	23.2	20.4	23.2	20.5	23.3	20.5	23.3
40	20.8	23.8	20.9	23.8	20.9	23.9	21.0	23.9	21.0	24.0

— 30°

′	55″.1 +	55″.1 −	55″.2 +	55″.2 −	55″.3 +	55″.3 −	55″.4 +	55″.4 −	55″.5 +	55″.5 −
′	″	″	″	″	″	″	″	″	″	″
41	21.3	24.4	21.4	24.5	21.4	24.5	21.5	24.6	21.5	24.6
42	21.8	25.1	21.9	25.1	21.9	25.2	22.0	25.2	22.0	25.2
43	22.3	25.7	22.4	25.8	22.4	25.8	22.4	25.9	22.5	25.9
44	22.8	26.4	22.8	26.4	22.4	26.5	22.9	26.5	23.0	26.5
45	23.3	27.0	23.3	27.1	23.9	27.1	23.4	27.2	23.5	27.2
46	23.8	27.7	23.8	27.7	23.8	27.8	23.9	27.8	23.9	27.8
47	24.2	28.3	24.3	28.4	24.3	28.4	24.4	28.5	24.4	28.5
48	24.7	29.0	24.8	29.0	24.8	29.1	24.9	29.1	24.9	29.2
49	25.2	29.6	25.2	29.7	25.3	29.7	25.3	29.8	25.4	29.8
50	25.7	30.3	25.7	30.3	25.8	30.4	25.8	30.4	25.9	30.5
51	26.1	30.9	26.2	31.0	26.2	31.0	26.3	31.1	26.3	31.1
52	26.6	31.6	26.7	31.7	26.7	31.7	26.8	31.8	26.8	31.8
53	27.1	32.3	27.1	32.3	27.2	32.4	27.2	32.4	27.3	32.5
54	27.6	32.9	27.6	33.0	27.7	33.1	27.7	33.1	27.8	33.1
55	28.0	33.6	28.1	33.7	28.1	33.7	28.2	33.8	28.2	33.8
56	28.5	34.3	28.5	34.3	28.6	34.4	28.7	34.4	28.7	34.5
57	29.0	35.0	29.0	35.0	29.1	35.1	29.1	35.1	29.2	35.2
58	29.4	35.6	29.5	35.7	29.5	35.7	29.6	35.8	29.7	35.9
59	29.9	36.3	30.0	36.4	30.0	36.4	30.1	36.5	30.1	36.5
60	30.3	37.0	30.4	37.0	30.5	37.1	30.5	37.2	30.6	37.2
61	30.8	37.7	30.9	37.7	30.9	37.8	31.0	37.9	31.1	37.9
62	31.3	38.4	31.3	38.4	31.4	38.5	31.5	38.5	31.5	38.6
63	31.7	39.1	31.8	39.1	31.9	39.2	31.9	39.2	32.0	39.3
64	32.2	39.7	32.2	39.8	32.3	39.9	32.4	39.9	32.4	40.0
65	32.6	40.4	32.7	40.5	32.8	40.6	32.8	40.6	32.9	40.7
66	33.1	41.1	33.1	41.2	33.2	41.3	33.3	41.3	33.3	41.4
67	33.5	41.8	33.6	41.9	33.7	42.0	33.7	42.0	33.8	42.1
68	34.0	42.6	34.1	42.6	34.1	42.7	34.2	42.7	34.3	42.8
69	34.4	43.3	34.5	43.3	34.6	43.4	34.6	43.5	34.7	43.5
70	34.9	44.0	35.0	44.0	35.0	44.1	35.1	44.2	35.2	44.2
71	35.3	44.7	35.4	44.7	35.5	44.8	35.5	44.9	35.6	45.0
72	35.8	45.4	35.8	45.5	35.9	45.5	36.0	45.6	36.1	45.7
73	36.2	46.1	36.3	46.2	36.4	46.2	36.4	46.3	36.5	46.4
74	36.6	46.8	36.7	46.9	36.8	47.0	36.9	47.0	36.9	47.1
75	37.1	47.5	37.2	47.6	37.2	47.7	37.3	47.8	37.4	47.8
76	37.5	48.3	37.6	48.3	37.7	48.4	37.7	48.5	37.8	48.6
77	38.0	49.0	38.0	49.1	38.1	49.2	38.2	49.2	38.3	49.3
78	38.4	49.7	38.5	49.8	38.6	49.9	38.6	50.0	38.7	50.0
79	38.8	50.5	38.9	50.5	39.0	50.6	39.1	50.7	39.1	50.8
80	39.3	51.2	39.3	51.3	39.4	51.3	39.5	51.4	39.6	51.5

− 30°

′	55″.6 +	55″.6 −	55″.7 +	55″.7 −	55″.8 +	55″.8 −	55″.9 +	55″.9 −	56″.0 +	56″.0 −
	″	″	″	″	″	″	″	″	″	″
1	0.6	0.6	0.6	0.6	0.6	0.6	0.6	0.6	0.6	0.6
2	1.1	1.1	1.1	1.1	1.1	1.1	1.1	1.1	1.1	1.1
3	1.7	1.7	1.7	1.7	1.7	1.7	1.7	1.7	1.7	1.7
4	2.2	2.3	2.2	2.3	2.2	2.3	2.2	2.3	2.2	2.3
5	2.8	2.8	2.8	2.8	2.8	2.8	2.8	2.8	2.8	2.8
6	3.3	3.4	3.3	3.4	3.3	3.4	3.3	3.4	3.3	3.4
7	3.9	4.0	3.9	4.0	3.9	4.0	3.9	4.0	3.9	4.0
8	4.4	4.6	4.4	4.6	4.4	4.6	4.4	4.6	4.4	4.6
9	5.0	5.1	5.0	5.1	5.0	5.2	5.0	5.2	5.0	5.2
10	5.5	5.7	5.5	5.7	5.5	5.7	5.5	5.7	5.5	5.7
11	6.1	6.3	6.1	6.3	6.1	6.3	6.1	6.3	6.1	6.3
12	6.6	6.9	6.6	6.9	6.6	6.9	6.6	6.9	6.6	6.9
13	7.1	7.5	7.1	7.5	7.2	7.5	7.2	7.5	7.2	7.5
14	7.7	8.0	7.7	8.0	7.7	8.1	7.7	8.1	7.7	8.1
15	8.2	8.6	8.2	8.6	8.2	8.6	8.3	8.7	8.3	8.7
16	8.7	9.2	8.8	9.2	8.8	9.2	8.8	9.3	8.8	9.3
17	9.3	9.8	9.3	9.8	9.3	9.9	9.3	9.9	9.3	9.9
18	9.8	10.4	9.8	10.4	9.8	10.4	9.9	10.4	9.9	10.5
19	10.3	11.0	10.4	11.0	10.4	11.0	10.4	11.1	10.4	11.1
20	10.9	11.6	10.9	11.6	10.9	11.6	10.9	11.6	10.9	11.7
21	11.4	12.2	11.4	12.2	11.4	12.2	11.5	12.2	11.5	12.3
22	11.9	12.8	11.9	12.8	12.0	12.8	12.0	12.9	12.0	12.9
23	12.4	13.4	12.5	13.4	12.5	13.4	12.5	13.5	12.5	13.5
24	13.0	14.0	13.0	14.0	13.0	14.1	13.0	14.1	13.0	14.1
25	13.5	14.6	13.5	14.6	13.5	14.7	13.6	14.7	13.6	14.7
26	14.0	15.2	14.0	15.2	14.0	15.3	14.1	15.3	14.1	15.3
27	14.5	15.8	14.5	15.9	14.6	15.9	14.6	15.9	14.6	15.9
28	15.0	16.4	15.0	16.5	15.1	16.5	15.1	16.5	15.1	16.6
29	15.5	17.1	15.6	17.1	15.6	17.1	15.6	17.2	15.6	17.2
30	16.0	17.7	16.1	17.7	16.1	17.7	16.1	17.8	16.2	17.8
31	16.5	18.3	16.6	18.3	16.6	18.4	16.6	18.4	16.7	18.4
32	17.1	18.9	17.1	19.0	17.1	19.0	17.1	19.0	17.2	19.1
33	17.6	19.6	17.6	19.6	17.6	19.6	17.7	19.7	17.7	19.7
34	18.1	20.2	18.1	20.2	18.1	20.3	18.2	20.3	18.2	20.3
35	18.6	20.8	18.6	20.9	18.6	20.9	18.7	20.9	18.7	21.0
36	19.1	21.4	19.1	21.5	19.1	21.5	19.2	21.6	19.2	21.6
37	19.6	22.1	19.6	22.1	19.6	22.2	19.7	22.2	19.7	22.2
38	20.1	22.7	20.1	22.8	20.1	22.8	20.2	22.8	20.2	22.9
39	20.6	23.4	20.6	23.4	20.6	23.4	20.7	23.5	20.7	23.5
40	21.0	24.0	21.1	24.0	21.1	24.1	21.2	24.1	21.2	24.2

— 30°

	55".6		55".7		55".8		55".9		56".0	
	+	−	+	−	+	−	+	−	+	−
′	″	″	″	″	″	″	″	″	″	″
41	21.5	24.6	21.6	24.7	21.6	24.7	21.7	24.8	21.7	24.8
42	22.0	25.3	22.1	25.3	22.1	25.4	22.2	25.4	22.2	25.5
43	22.5	25.9	22.6	26.0	22.6	26.0	22.7	26.1	22.7	26.1
44	23.0	26.6	23.1	26.6	23.1	26.7	23.1	26.7	23.2	26.8
45	23.5	27.2	23.5	27.3	23.6	27.3	23.6	27.4	23.7	27.4
46	24.0	27.9	24.0	27.9	24.1	28.0	24.1	28.0	24.2	28.1
47	24.5	28.6	24.5	28.6	24.6	28.6	24.6	28.7	24.7	28.7
48	25.0	29.2	25.0	29.3	25.1	29.3	25.1	29.4	25.1	29.4
49	25.4	29.9	25.5	29.9	25.5	30.0	25.6	30.0	25.6	30.1
50	25.9	30.5	26.0	30.6	26.0	30.6	26.1	30.7	26.1	30.7
51	26.4	31.2	26.4	31.2	26.5	31.3	26.5	31.3	26.6	31.4
52	26.9	31.9	26.9	31.9	27.0	32.0	27.0	32.0	27.1	32.1
53	27.4	32.5	27.4	32.6	27.5	32.6	27.5	32.7	27.6	32.7
54	27.8	33.2	27.9	33.3	27.9	33.3	28.0	33.4	28.0	33.4
55	28.3	33.9	28.4	33.9	28.4	34.0	28.5	34.0	28.5	34.1
56	28.8	34.6	28.8	34.6	28.9	34.7	28.9	34.7	29.0	34.8
57	29.2	35.2	29.3	35.3	29.4	35.3	29.4	35.4	29.5	35.5
58	29.7	35.9	29.8	36.0	29.8	36.0	29.9	36.1	29.9	36.1
59	30.2	36.6	30.2	36.7	30.3	36.7	30.3	36.8	30.4	36.8
60	30.6	37.3	30.7	37.3	30.8	37.4	30.8	37.5	30.9	37.5
61	31.1	38.0	31.2	38.0	31.2	38.1	31.3	38.2	31.4	38.2
62	31.6	38.7	31.6	38.7	31.7	38.8	31.8	38.9	31.8	38.9
63	32.0	39.4	32.1	39.4	32.2	39.5	32.2	39.6	32.3	39.6
64	32.5	40.1	32.6	40.1	32.6	40.2	32.7	40.3	32.8	40.3
65	33.0	40.8	33.0	40.8	33.1	40.9	33.2	41.0	33.2	41.0
66	33.4	41.5	33.5	41.5	33.5	41.6	33.6	41.7	33.7	41.7
67	33.9	42.2	33.9	42.2	34.0	42.3	34.1	42.4	34.1	42.4
68	34.3	42.9	34.4	43.0	34.5	43.0	34.5	43.1	34.6	43.2
69	34.8	43.6	34.9	43.7	34.9	43.7	35.0	43.8	35.1	43.9
70	35.2	44.3	35.3	44.4	35.4	44.4	35.4	44.5	35.5	44.6
71	35.7	45.0	35.7	45.1	35.8	45.2	35.9	45.2	36.0	45.3
72	36.1	45.7	36.2	45.8	36.3	45.9	36.3	46.0	36.4	46.0
73	36.6	46.5	36.7	46.5	36.7	46.6	36.8	46.7	36.9	46.8
74	37.0	47.2	37.1	47.3	37.2	47.3	37.2	47.4	37.3	47.5
75	37.5	47.9	37.5	48.0	37.6	48.1	37.7	48.1	37.8	48.2
76	37.9	48.6	38.0	48.7	38.1	48.8	38.1	48.9	38.2	48.9
77	38.3	49.4	38.4	49.5	38.5	49.5	38.6	49.6	38.6	49.7
78	38.8	50.1	38.9	50.2	38.9	50.3	39.0	50.4	39.1	50.4
79	39.2	50.9	39.3	50.9	39.4	51.0	39.5	51.1	39.5	51.2
80	39.7	51.6	39.7	51.7	39.8	51.7	39.9	51.8	40.0	51.9

— 30°

	56″.1		56″.2		56″.3		56″.4		56″.5	
	+	−	+	−	+	−	+	−	+	−
′	″	″	″	″	″	″	″	″	″	″
1	0.6	0.6	0.6	0.6	0.6	0.6	0.6	0.6	0.6	0.6
2	1.1	1.1	1.1	1.1	1.1	1.1	1.1	1.1	1.1	1.2
3	1.7	1.7	1.7	1.7	1.7	1.7	1.7	1.7	1.7	1.7
4	2.2	2.3	2.2	2.3	2.2	2.3	2.3	2.3	2.3	2.3
5	2.8	2.9	2.8	2.9	2.8	2.9	2.8	2.9	2.8	2.9
6	3.4	3.4	3.4	3.4	3.4	3.4	3.4	3.5	3.4	3.5
7	3.9	4.0	3.9	4.0	3.9	4.0	3.9	4.0	3.9	4.0
8	4.5	4.6	4.5	4.6	4.5	4.6	4.5	4.6	4.5	4.6
9	5.0	5.2	5.0	5.2	5.0	5.2	5.0	5.2	5.0	5.2
10	5.6	5.8	5.6	5.8	5.6	5.8	5.6	5.8	5.6	5.8
11	6.1	6.3	6.1	6.4	6.1	6.4	6.1	6.4	6.2	6.4
12	6.6	6.9	6.7	6.9	6.7	7.0	6.7	7.0	6.7	7.0
13	7.2	7.5	7.2	7.5	7.2	7.5	7.2	7.6	7.2	7.6
14	7.7	8.1	7.8	8.1	7.8	8.1	7.8	8.2	7.8	8.2
15	8.3	8.7	8.3	8.7	8.3	8.7	8.3	8.7	8.3	8.8
16	8.8	9.3	8.8	9.3	8.9	9.3	8.9	9.3	8.9	9.4
17	9.4	9.9	9.4	9.9	9.4	9.9	9.4	9.9	9.4	10.0
18	9.9	10.5	9.9	10.5	9.9	10.5	9.9	10.5	10.0	10.6
19	10.4	11.1	10.4	11.1	10.5	11.1	10.5	11.1	10.5	11.2
20	11.0	11.7	11.0	11.7	11.0	11.7	11.0	11.7	11.0	11.8
21	11.5	12.3	11.5	12.3	11.5	12.3	11.6	12.3	11.6	12.4
22	12.0	12.9	12.0	12.9	12.1	12.9	12.1	13.0	12.1	13.0
23	12.5	13.5	12.6	13.5	12.6	13.6	12.6	13.6	12.6	13.6
24	13.1	14.1	13.1	14.1	13.1	14.2	13.1	14.2	13.2	14.2
25	13.6	14.7	13.6	14.8	13.7	14.8	13.7	14.8	13.7	14.8
26	14.1	15.3	14.1	15.4	14.2	15.4	14.2	15.4	14.2	15.4
27	14.6	16.0	14.7	16.0	14.7	16.0	14.7	16.0	14.7	16.1
28	15.2	16.6	15.2	16.6	15.2	16.6	15.2	16.7	15.3	16.7
29	15.7	17.2	15.7	17.2	15.7	17.3	15.8	17.3	15.8	17.3
30	16.2	17.8	16.2	17.9	16.2	17.9	16.3	17.9	16.3	17.9
31	16.7	18.5	16.7	18.5	16.8	18.5	16.8	18.6	16.8	18.6
32	17.2	19.1	17.2	19.1	17.3	19.2	17.3	19.2	17.3	19.2
33	17.7	19.7	17.8	19.8	17.8	19.8	17.8	19.8	17.9	19.9
34	18.2	20.4	18.3	20.4	18.3	20.4	18.3	20.5	18.4	20.5
35	18.7	21.0	18.8	21.0	18.8	21.1	18.8	21.1	18.9	21.1
36	19.2	21.6	19.3	21.7	19.3	21.7	19.3	21.7	19.4	21.8
37	19.7	22.3	19.8	22.3	19.8	22.3	19.9	22.4	19.9	22.4
38	20.2	22.9	20.3	22.9	20.3	23.0	20.4	23.0	20.4	23.1
39	20.7	23.5	20.8	23.6	20.8	23.6	20.9	23.7	20.9	23.7
40	21.2	24.2	21.3	24.2	21.3	24.3	21.4	24.3	21.4	24.4

— 30°

′	56″.1 +	56″.1 −	56″.2 +	56″.2 −	56″.3 +	56″.3 −	56″.4 +	56″.4 −	56″.5 +	56″.5 −
	″	″	″	″	″	″	″	″	″	″
41	21.7	24.8	21.8	24.9	21.8	24.9	21.9	25.0	21.9	25.0
42	22.2	25.5	22.3	25.5	22.3	25.6	22.4	25.6	22.4	25.7
43	22.7	26.1	22.8	26.2	22.8	26.2	22.9	26.3	22.9	26.3
44	23.2	26.8	23.3	26.9	23.3	26.9	23.4	26.9	23.4	27.0
45	23.7	27.5	23.8	27.5	23.8	27.5	23.9	27.6	23.9	27.6
46	24.2	28.1	24.3	28.2	24.3	28.2	24.4	28.3	24.4	28.3
47	24.7	28.8	24.7	28.8	24.8	28.9	24.8	28.9	24.9	29.0
48	25.2	29.4	25.2	29.5	25.3	29.5	25.3	29.6	25.4	29.6
49	25.7	30.1	25.7	30.2	25.8	30.2	25.8	30.3	25.9	30.3
50	26.2	30.8	26.2	30.8	26.3	30.9	26.3	30.9	26.4	31.0
51	26.7	31.4	26.7	31.5	26.7	31.5	26.8	31.6	26.9	31.7
52	27.1	32.1	27.2	32.2	27.2	32.2	27.3	32.3	27.3	32.3
53	27.6	32.8	27.7	32.9	27.7	32.9	27.8	33.0	27.8	33.0
54	28.1	33.5	28.2	33.5	28.2	33.6	28.3	33.6	28.3	33.7
55	28.6	34.2	28.6	34.2	28.7	34.3	28.7	34.3	28.8	34.4
56	29.1	34.8	29.1	34.9	29.2	34.9	29.2	35.0	29.3	35.1
57	29.5	35.5	29.6	35.6	29.6	35.6	29.7	35.7	29.8	35.7
58	30.0	36.2	30.1	36.3	30.1	36.3	30.2	36.4	30.2	36.4
59	30.5	36.9	30.5	37.0	30.6	37.0	30.7	37.1	30.7	37.1
60	30.9	37.6	31.0	37.6	31.1	37.7	31.1	37.8	31.2	37.8
61	31.4	38.3	31.5	38.3	31.5	38.4	31.6	38.5	31.7	38.5
62	31.9	39.0	31.9	39.0	32.0	39.1	32.1	39.2	32.1	39.2
63	32.4	39.7	32.4	39.7	32.5	39.8	32.5	39.9	32.6	39.9
64	32.8	40.4	32.9	40.5	32.9	40.5	33.0	40.6	33.1	40.6
65	33.3	41.1	33.3	41.2	33.4	41.2	33.5	41.3	33.5	41.4
66	33.7	41.8	33.8	41.9	33.9	41.9	33.9	42.0	34.0	42.1
67	34.2	42.5	34.3	42.6	34.3	42.6	34.4	42.7	34.5	42.8
68	34.7	43.2	34.7	43.3	34.8	43.4	34.9	43.4	34.9	43.5
69	35.1	43.9	35.2	44.0	35.3	44.1	35.3	44.1	35.4	44.2
70	35.6	44.7	35.6	44.7	35.7	44.8	35.8	44.9	35.8	44.9
71	36.0	45.4	36.1	45.4	36.2	45.5	36.2	45.6	36.3	45.6
72	36.5	46.1	36.6	46.2	36.6	46.2	36.7	46.3	36.8	46.4
73	36.9	46.8	37.0	46.9	37.1	47.0	37.2	47.0	37.2	47.1
74	37.4	47.6	37.5	47.6	37.5	47.7	37.6	47.8	37.7	47.9
75	37.8	48.3	37.9	48.4	38.0	48.4	38.1	48.5	38.1	48.6
76	38.3	49.0	38.4	49.1	38.4	49.2	38.5	49.3	38.6	49.3
77	38.7	49.8	38.8	49.8	38.9	49.9	39.0	50.0	39.0	50.1
78	39.2	50.5	39.3	50.6	39.3	50.7	39.4	50.7	39.5	50.8
79	39.6	51.2	39.7	51.3	39.8	51.4	39.8	51.4	39.9	51.6
80	40.1	52.0	40.1	52.1	40.2	52.1	40.3	52.2	40.4	52.3

	— 30°									
	56″.6		56″.7		56″.8		56″.9		57″.0	
	+	—	+	—	+	—	+	—	+	—
′	″	″	″	″	″	″	″	″	″	″
1	0.6	0.6	0.6	0.6	0.6	0.6	0.6	0.6	0.6	0.6
2	1.1	1.2	1.1	1.2	1.1	1.2	1.1	1.2	1.1	1.2
3	1.7	1.7	1.7	1.7	1.7	1.7	1.7	1.7	1.7	1.7
4	2.3	2.3	2.3	2.3	2.3	2.3	2.3	2.3	2.3	2.3
5	2.8	2.9	2.8	2.9	2.8	2.9	2.8	2.9	2.8	2.9
6	3.4	3.5	3.4	3.5	3.4	3.5	3.4	3.5	3.4	3.5
7	3.9	4.0	3.9	4.1	4.0	4.1	4.0	4.1	4.0	4.1
8	4.5	4.6	4.5	4.7	4.5	4.6	4.5	4.7	4.5	4.7
9	5.1	5.2	5.1	5.2	5.1	5.2	5.1	5.2	5.1	5.3
10	5.6	5.8	5.6	5.8	5.6	5.8	5.6	5.8	5.6	5.8
11	6.2	6.4	6.2	6.4	6.2	6.4	6.2	6.4	6.2	6.4
12	6.7	7.0	6.7	7.0	6.7	7.0	6.8	7.0	6.8	7.0
13	7.3	7.6	7.3	7.6	7.3	7.6	7.3	7.6	7.3	7.6
14	7.8	8.2	7.8	8.2	7.8	8.2	7.9	8.2	7.9	8.2
15	8.4	8.8	8.4	8.8	8.4	8.8	8.4	8.8	8.4	8.8
16	8.9	9.4	8.9	9.4	8.9	9.4	8.9	9.4	9.0	9.4
17	9.4	10.0	9.5	10.0	9.5	10.0	9.5	10.0	9.5	10.0
18	10.0	10.6	10.0	10.6	10.0	10.6	10.0	10.6	10.1	10.6
19	10.5	11.2	10.5	11.2	10.6	11.2	10.6	11.2	10.6	11.3
20	11.1	11.8	11.1	11.8	11.1	11.8	11.1	11.8	11.2	11.9
21	11.6	12.4	11.6	12.4	11.6	12.4	11.7	12.5	11.5	12.5
22	12.1	13.0	12.2	13.0	12.2	13.1	12.2	13.1	12.2	13.1
23	12.7	13.6	12.7	13.7	12.7	13.7	12.7	13.7	12.8	13.7
24	13.2	14.2	13.2	14.3	13.2	14.3	13.3	14.3	13.3	14.3
25	13.7	14.9	13.8	14.9	13.8	14.9	13.8	14.9	13.8	15.0
26	14.3	15.5	14.3	15.5	14.3	15.5	14.3	15.5	14.4	15.6
27	14.8	16.1	14.8	16.1	14.8	16.2	14.9	16.2	14.9	16.2
28	15.3	16.7	15.3	16.8	15.4	16.8	15.4	16.8	15.4	16.8
29	15.8	17.4	15.8	17.4	15.9	17.4	15.9	17.4	15.9	17.5
30	16.3	18.0	16.4	18.0	16.4	18.0	16.4	18.1	16.5	18.1
31	16.9	18.6	16.9	18.6	16.9	18.7	16.9	18.7	17.0	18.7
32	17.4	19.3	17.4	19.3	17.4	19.3	17.5	19.3	17.5	19.4
33	17.9	19.9	17.9	19.9	18.0	20.0	18.0	20.0	18.0	20.0
34	18.4	20.5	18.4	20.6	18.5	20.6	18.5	20.6	18.5	20.7
35	18.9	21.2	18.9	21.2	19.0	21.2	19.0	21.3	19.0	21.3
36	19.4	21.8	19.5	21.8	19.5	21.9	19.5	21.9	19.6	21.9
37	19.9	22.5	20.0	22.5	20.0	22.5	20.0	22.6	20.1	22.6
38	20.4	23.1	20.5	23.1	20.5	23.2	20.5	23.2	20.6	23.3
39	20.9	23.7	21.0	23.8	21.0	23.8	21.1	23.9	21.1	23.9
40	21.4	24.4	21.5	24.4	21.5	24.5	21.6	24.5	21.6	24.6

— 30°

	56″.6		56″.7		56″.8		56″.9		57″.0	
	+	−	+	−	+	−	+	−	+	−
′	″	″	″	″	″	″	″	″	″	″
41	22.0	25.1	22.0	25.1	22.0	25.1	22.1	25.2	22.1	25.2
42	22.5	25.7	22.5	25.8	22.5	25.8	22.6	25.8	22.6	25.9
43	23.0	26.4	23.0	26.4	23.0	26.4	23.1	26.5	23.1	26.5
44	23.5	27.0	23.5	27.1	23.5	27.1	23.6	27.2	23.6	27.2
45	24.0	27.7	24.0	27.7	24.0	27.8	24.1	27.8	24.1	27.9
46	24.4	28.4	24.5	28.4	24.5	28.4	24.6	28.5	24.6	28.5
47	24.9	29.0	25.0	29.1	25.0	29.1	25.1	29.2	25.1	29.2
48	25.4	29.7	25.5	29.7	25.5	29.8	25.6	29.8	25.6	29.9
49	25.9	30.4	26.0	30.4	26.0	30.4	26.1	30.5	26.1	30.5
50	26.4	31.0	26.5	31.1	26.5	31.1	26.6	31.2	26.6	31.2
51	26.9	31.7	27.0	31.8	27.0	31.8	27.1	31.9	27.1	31.9
52	27.4	32.4	27.5	32.4	27.5	32.5	27.6	32.5	27.6	32.6
53	27.9	33.1	27.9	33.1	28.0	33.2	28.0	33.2	28.1	33.3
54	28.4	33.7	28.4	33.8	28.5	33.9	28.5	33.9	28.6	34.0
55	28.8	34.4	28.9	34.5	29.0	34.5	29.0	34.6	29.1	34.7
56	29.3	35.1	29.4	35.2	29.4	35.2	29.5	35.3	29.6	35.3
57	29.8	35.8	29.9	35.9	29.9	35.9	30.0	36.0	30.0	36.0
58	30.3	36.5	30.4	36.6	30.4	36.6	30.5	36.7	30.5	36.7
59	30.8	37.2	30.8	37.3	30.9	37.3	31.0	37.4	31.0	37.4
60	31.2	37.9	31.3	38.0	31.4	38.0	31.4	38.1	31.5	38.1
61	31.7	38.6	31.8	38.7	31.8	38.7	31.9	38.8	32.0	38.8
62	32.2	39.3	32.3	39.4	32.3	39.4	32.4	39.5	32.5	39.6
63	32.7	40.0	32.7	40.1	32.8	40.1	32.9	40.2	32.9	40.3
64	33.1	40.7	33.2	40.8	33.3	40.8	33.3	40.9	33.4	41.0
65	33.6	41.4	33.7	41.5	33.7	41.5	33.8	41.6	33.9	41.7
66	34.1	42.1	34.1	42.2	34.2	42.3	34.3	42.3	34.3	42.4
67	34.5	42.8	34.6	42.9	34.7	43.0	34.7	43.0	34.8	43.1
68	35.0	43.6	35.1	43.6	35.1	43.7	35.2	43.8	35.3	43.8
69	35.5	44.3	35.5	44.3	35.6	44.4	35.7	44.5	35.7	44.6
70	35.9	45.0	36.0	45.1	36.1	45.1	36.1	45.2	36.2	45.3
71	36.4	45.7	36.5	45.8	36.5	45.9	36.6	46.0	36.7	46.0
72	36.8	46.5	36.9	46.5	37.0	46.6	37.1	46.7	37.1	46.7
73	37.3	47.2	37.4	47.3	37.5	47.3	37.5	47.4	37.6	47.5
74	37.8	47.9	37.8	48.0	37.9	48.1	38.0	48.2	38.1	48.2
75	38.2	48.7	38.3	48.7	38.4	48.8	38.4	48.9	38.5	49.0
76	38.7	49.4	38.7	49.5	38.8	49.6	38.9	49.6	39.0	49.7
77	39.1	50.1	39.2	50.2	39.3	50.3	39.3	50.4	39.4	50.5
78	39.6	50.9	39.7	51.0	39.7	51.0	39.8	51.1	39.9	51.2
79	40.0	51.7	40.1	51.7	40.2	51.8	40.3	51.9	40.3	52.0
80	40.5	52.4	40.5	52.5	40.6	52.5	40.7	52.6	40.8	52.7

— 30⁰

	57″.1		57″.2		57″.3		57″.4		57″.5	
	+	−	+	−	+	−	+	−	+	−
′	″	″	″	″	″	″	″	″	″	″
1	0.6	0.6	0.6	0.6	0.6	0.6	0.6	0.6	0.6	0.6
2	1.1	1.2	1.1	1.2	1.1	1.2	1.1	1.2	1.1	1.2
3	1.7	1.7	1.7	1.7	1.7	1.7	1.7	1.8	1.7	1.8
4	2.3	2.3	2.3	2.3	2.3	2.3	2.3	2.3	2.3	2.3
5	2.8	2.9	2.8	2.9	2.9	2.9	2.9	2.9	2.9	2.9
6	3.4	3.5	3.4	3.5	3.4	3.5	3.4	3.5	3.4	3.5
7	4.0	4.1	4.0	4.1	4.0	4.1	4.0	4.1	4.0	4.1
8	4.5	4.7	4.5	4.7	4.6	4.7	4.6	4.7	4.6	4.7
9	5.1	5.3	5.1	5.3	5.1	5.3	5.1	5.3	5.1	5.3
10	5.7	5.9	5.7	5.9	5.7	5.9	5.7	5.9	5.7	5.9
11	6.2	6.5	6.2	6.5	6.2	6.5	6.3	6.5	6.3	6.5
12	6.8	7.1	6.8	7.1	6.8	7.1	6.8	7.1	6.8	7.1
13	7.3	7.6	7.3	7.7	7.3	7.7	7.4	7.7	7.4	7.7
14	7.9	8.2	7.9	8.3	7.9	8.3	7.9	8.3	7.9	8.3
15	8.4	8.8	8.5	8.9	8.5	8.9	8.5	8.9	8.5	8.9
16	9.0	9.5	9.0	9.5	9.0	9.5	9.0	9.5	9.0	9.5
17	9.5	10.1	9.5	10.1	9.6	10.1	9.6	10.1	9.6	10.1
18	10.1	10.7	10.1	10.7	10.1	10.7	10.1	10.7	10.1	10.7
19	10.6	11.3	10.6	11.3	10.7	11.3	10.7	11.3	10.7	11.4
20	11.2	11.9	11.2	11.9	11.2	11.9	11.2	11.9	11.2	12.0
21	11.7	12.5	11.7	12.5	11.8	12.5	11.8	12.6	11.8	12.6
22	12.2	13.1	12.3	13.1	12.3	13.2	12.3	13.2	12.3	13.2
23	12.8	13.7	12.8	13.8	12.8	13.8	12.9	13.8	12.9	13.8
24	13.3	14.4	13.3	14.4	13.4	14.4	13.4	14.4	13.4	14.5
25	13.9	15.0	13.9	15.0	13.9	15.0	13.9	15.1	14.0	15.1
26	14.4	15.6	14.4	15.6	14.4	15.7	14.5	15.7	14.5	15.7
27	14.9	16.2	14.9	16.3	15.0	16.3	15.0	16.3	15.0	16.4
28	15.4	16.9	15.5	16.9	15.5	16.9	15.5	17.0	15.6	17.0
29	16.0	17.5	16.0	17.5	16.0	17.6	16.0	17.6	16.1	17.6
30	16.5	18.1	16.5	18.2	16.5	18.2	16.6	18.2	16.6	18.2
31	17.0	18.8	17.0	18.8	17.1	18.8	17.1	18.9	17.1	18.9
32	17.5	19.4	17.6	19.4	17.6	19.5	17.6	19.5	17.7	19.5
33	18.1	20.1	18.1	20.1	18.1	20.1	18.2	20.2	18.2	20.2
34	18.6	20.7	18.6	20.7	18.6	20.8	18.7	20.8	18.7	20.8
35	19.1	21.3	19.1	21.4	19.2	21.4	19.2	21.5	19.2	21.5
36	19.6	22.0	19.6	22.0	19.7	22.1	19.7	22.1	19.7	22.1
37	20.1	22.6	20.1	22.7	20.2	22.7	20.2	22.7	20.3	22.8
38	20.6	23.3	20.7	23.3	20.7	23.4	20.8	23.4	20.8	23.4
39	21.1	23.9	21.2	24.0	21.2	24.0	21.3	24.1	21.3	24.1
40	21.6	24.6	21.7	24.6	21.7	24.7	21.8	24.7	21.8	24.8

	57″.1		57″.2		57″.3		57″.4		57″.5	
	+	−	+	−	+	−	+	−	+	−
′	″	″	″	″	″	″	″	″	″	″
41	22.2	25.3	22.2	25.3	22.2	25.3	22.3	25.4	22.3	25.4
42	22.7	25.9	22.7	26.0	22.7	26.0	22.8	26.0	22.8	26.1
43	23.2	26.6	23.2	26.6	23.3	26.7	23.3	26.7	23.3	26.8
44	23.7	27.2	23.7	27.3	23.8	27.3	23.8	27.4	23.8	27.4
45	24.2	27.9	24.2	28.0	24.3	28.0	24.3	28.0	24.3	28.1
46	24.7	28.6	24.7	28.6	24.8	28.7	24.8	28.7	24.9	28.8
47	25.2	29.3	25.2	29.3	25.3	29.4	25.3	29.4	25.4	29.4
48	25.7	29.9	25.7	30.0	25.8	30.0	25.8	30.1	25.9	30.1
49	26.2	30.6	26.2	30.6	26.3	30.7	26.3	30.7	26.4	30.8
50	26.7	31.3	26.7	31.3	26.8	31.4	26.8	31.4	26.9	31.5
51	27.2	32.0	27.2	32.0	27.3	32.1	27.3	32.1	27.4	32.2
52	27.7	32.6	27.7	32.7	27.8	32.7	27.8	32.8	27.9	32.8
53	28.1	33.3	28.2	33.4	28.3	33.4	28.3	33.5	28.4	33.5
54	28.6	34.0	28.7	34.1	28.7	34.1	28.8	34.2	28.9	34.2
55	29.1	34.7	29.2	34.8	29.2	34.8	29.3	34.9	29.3	34.9
56	29.6	35.4	29.7	35.4	29.7	35.5	29.8	35.6	29.8	35.6
57	30.1	36.1	30.2	36.1	30.2	36.2	30.3	36.3	30.3	36.3
58	30.6	36.8	30.6	36.8	30.7	36.9	30.8	37.0	30.8	37.0
59	31.1	37.5	31.1	37.6	31.2	37.6	31.2	37.7	31.3	37.7
60	31.5	38.2	31.6	38.3	31.7	38.3	31.7	38.4	31.8	38.4
61	32.0	38.9	32.1	39.0	32.2	39.0	32.2	39.1	32.3	39.1
62	32.5	39.6	32.6	39.7	32.6	39.7	32.7	39.8	32.8	39.8
63	33.0	40.3	33.0	40.4	33.1	40.4	33.2	40.5	33.2	40.6
64	33.5	41.0	33.5	41.1	33.6	41.2	33.7	41.2	33.7	41.3
65	33.9	41.7	34.0	41.8	34.1	41.9	34.1	41.9	34.2	42.0
66	34.4	42.5	34.5	42.5	34.6	42.6	34.6	42.7	34.7	42.7
67	34.9	43.2	34.9	43.2	35.0	43.3	35.1	43.4	35.1	43.4
68	35.3	43.9	35.4	44.0	35.5	44.1	35.6	44.1	35.6	44.2
69	35.8	44.6	35.9	44.7	35.9	44.8	36.0	44.8	36.1	44.9
70	36.3	45.4	36.3	45.4	36.4	45.5	36.5	45.6	36.6	45.6
71	36.7	46.1	36.8	46.2	36.9	46.2	37.0	46.3	37.0	46.4
72	37.2	46.8	37.3	46.9	37.4	47.0	37.4	47.0	37.5	47.1
73	37.7	47.6	37.8	47.6	37.8	47.7	37.9	47.8	38.0	47.9
74	38.1	48.3	38.2	48.4	38.3	48.5	38.4	48.5	38.4	48.6
75	38.6	49.0	38.7	49.1	38.7	49.2	38.8	49.3	38.9	49.3
76	39.0	49.8	39.1	49.9	39.2	49.9	39.3	50.0	39.3	50.1
77	39.5	50.5	39.6	50.6	39.7	50.7	39.7	50.8	39.8	50.9
78	40.0	51.3	40.0	51.4	40.1	51.4	40.2	51.5	40.3	51.6
79	40.4	52.0	40.5	52.1	40.6	52.2	40.6	52.3	40.7	52.4
80	40.9	52.8	40.9	52.9	41.0	52.9	41.1	53.0	41.2	53.1

— 30°

	57″.6		57″.7		57″.8		57″.9		58″.0	
	+	—	+	—	+	—	+	—	+	—
′	″	″	″	″	″	″	″	″	″	″
1	0.6	0.6	0.6	0.6	0.6	0.6	0.6	0.6	0.6	0.6
2	1.2	1.2	1.2	1.2	1.2	1.2	1.2	1.2	1.2	1.2
3	1.7	1.8	1.7	1.8	1.7	1.8	1.7	1.8	1.7	1.8
4	2.3	2.3	2.3	2.3	2.3	2.4	2.3	2.4	2.3	2.4
5	2.9	2.9	2.9	2.9	2.9	2.9	2.9	2.9	2.9	3.0
6	3.4	3.5	3.4	3.5	3.5	3.5	3.5	3.5	3.5	3.5
7	4.0	4.1	4.0	4.1	4.0	4.1	4.0	4.1	4.0	4.1
8	4.6	4.7	4.6	4.7	4.6	4.7	4.6	4.7	4.6	4.7
9	5.1	5.3	5.1	5.3	5.2	5.3	5.2	5.3	5.2	5.4
10	5.7	5.9	5.7	5.9	5.7	5.9	5.7	5.9	5.7	6.0
11	6.3	6.5	6.3	6.5	6.3	6.5	6.3	6.5	6.3	6.6
12	6.8	7.1	6.8	7.1	6.9	7.1	6.9	7.1	6.9	7.2
13	7.4	7.7	7.4	7.7	7.4	7.7	7.4	7.8	7.4	7.8
14	7.9	8.3	8.0	8.3	8.0	8.3	8.0	8.4	8.0	8.4
15	8.5	8.9	8.5	8.9	8.5	8.9	8.6	9.0	8.6	9.0
16	9.1	9.5	9.1	9.5	9.1	9.6	9.1	9.6	9.1	9.6
17	9.6	10.1	9.6	10.2	9.7	10.2	9.7	10.2	9.7	10.2
18	10.2	10.8	10.2	10.8	10.2	10.8	10.2	10.8	10.2	10.8
19	10.7	11.4	10.7	11.4	10.8	11.4	10.8	11.4	10.8	11.4
20	11.3	12.0	11.3	12.0	11.3	12.0	11.3	12.0	11.3	12.1
21	11.8	12.6	11.8	12.6	11.9	12.7	11.9	12.7	11.9	12.7
22	12.4	13.2	12.4	13.2	12.4	13.3	12.4	13.3	12.4	13.3
23	12.9	13.9	12.9	13.9	12.9	13.9	13.0	13.9	13.0	13.9
24	13.4	14.5	13.5	14.5	13.5	14.5	13.5	14.6	13.5	14.6
25	14.0	15.1	14.0	15.1	14.0	15.2	14.1	15.2	14.1	15.2
26	14.5	15.7	14.5	15.8	14.6	15.8	14.6	15.8	14.6	15.8
27	15.0	16.4	15.1	16.4	15.1	16.4	15.1	16.4	15.1	16.5
28	15.6	17.0	15.6	17.0	15.6	17.1	15.7	17.1	15.7	17.1
29	16.1	17.6	16.1	17.7	16.2	17.7	16.2	17.7	16.2	17.8
30	16.6	18.3	16.7	18.3	16.7	18.3	16.7	18.4	16.8	18.4
31	17.2	18.9	17.2	19.0	17.2	19.0	17.3	19.0	17.3	19.0
32	17.7	19.6	17.7	19.6	17.8	19.6	17.8	19.7	17.8	19.7
33	18.2	20.2	18.2	20.3	18.3	20.3	18.3	20.3	18.3	20.3
34	18.7	20.9	18.8	20.9	18.8	20.9	18.8	21.0	18.9	21.0
35	19.3	21.5	19.3	21.6	19.3	21.6	19.4	21.6	19.4	21.7
36	19.8	22.2	19.8	22.2	19.9	22.2	19.9	22.3	19.9	22.3
37	20.3	22.8	20.3	22.9	20.4	22.9	20.4	22.9	20.4	23.0
38	20.8	23.5	20.8	23.5	20.9	23.5	20.9	23.6	21.0	23.6
39	21.3	24.1	21.4	24.2	21.4	24.2	21.4	24.2	21.5	24.3
40	21.8	24.8	21.9	24.8	21.9	24.9	22.0	24.9	22.0	25.0

— 30°

	57″.6		57″.7		57″.8		57″.9		58″.0	
′	+ ″	− ″	+ ″	− ″	+ ″	− ″	+ ″	− ″	+ ″	− ″
41	22.4	25.5	22.4	25.5	22.4	25.5	22.5	25.6	22.5	25.6
42	22.9	26.1	22.9	26.2	23.0	26.2	23.0	26.3	23.0	26.3
43	23.4	26.8	23.4	26.8	23.5	26.9	23.5	26.9	23.6	27.0
44	23.9	27.5	23.9	27.5	24.0	27.5	24.0	27.6	24.1	27.6
45	24.4	28.1	24.4	28.2	24.5	28.2	24.5	28.3	24.6	28.3
46	24.9	28.8	24.9	28.9	25.0	28.9	25.0	28.9	25.1	29.0
47	25.4	29.5	25.5	29.5	25.5	29.6	25.5	29.6	25.6	29.7
48	25.9	30.2	26.0	30.2	26.0	30.3	26.1	30.3	26.1	30.4
49	26.4	30.8	26.5	30.9	26.5	30.9	26.6	31.0	26.6	31.0
50	26.9	31.5	27.0	31.6	27.0	31.6	27.1	31.7	27.1	31.7
51	27.4	32.2	27.5	32.3	27.5	32.3	27.6	32.4	27.6	32.4
52	27.9	32.9	28.0	33.0	28.0	33.0	28.1	33.1	28.1	33.1
53	28.4	33.6	28.5	33.6	28.5	33.7	28.6	33.7	28.6	33.8
54	28.9	34.3	29.0	34.3	29.0	34.4	29.1	34.4	29.1	34.5
55	29.4	35.0	29.5	35.0	29.5	35.1	29.6	35.1	29.6	35.2
56	29.9	35.7	30.0	35.7	30.0	35.8	30.1	35.8	30.1	35.9
57	30.4	36.4	30.4	36.4	30.5	36.5	30.5	36.5	30.6	36.6
58	30.9	37.1	30.9	37.1	31.0	37.2	31.0	37.2	31.1	37.3
59	31.4	37.8	31.4	37.8	31.5	37.9	31.5	38.0	31.6	38.0
60	31.9	38.5	31.9	38.5	32.0	38.6	32.0	38.7	32.1	38.7
61	32.3	39.2	32.5	39.3	32.5	39.3	32.5	39.4	32.6	39.4
62	32.8	39.9	32.9	40.0	32.9	40.0	33.0	40.1	33.1	40.2
63	33.3	40.6	33.4	40.7	33.4	40.7	33.5	40.8	33.5	40.9
64	33.8	41.3	33.8	41.4	33.9	41.5	34.0	41.5	34.0	41.6
65	34.3	42.1	34.3	42.1	34.4	42.2	34.5	42.3	34.5	42.3
66	34.7	42.8	34.8	42.8	34.9	42.9	34.9	43.0	35.0	43.0
67	35.2	43.5	35.3	43.6	35.3	43.6	35.4	43.7	35.5	43.8
68	35.7	44.3	35.8	44.3	35.8	44.4	35.9	44.4	36.0	44.5
69	36.2	45.0	36.2	45.0	36.3	45.1	36.4	45.2	36.4	45.2
70	36.6	45.7	36.7	45.8	36.8	45.8	36.8	45.9	36.9	46.0
71	37.1	46.4	37.2	46.5	37.2	46.6	37.3	46.7	37.4	46.7
72	37.6	47.2	37.6	47.2	37.7	47.3	37.8	47.4	37.9	47.5
73	38.0	47.9	38.1	48.0	38.2	48.1	38.3	48.1	38.3	48.2
74	38.5	48.7	38.5	48.7	38.6	48.8	38.7	48.9	38.8	49.0
75	39.0	49.4	39.0	49.5	39.1	49.6	39.2	49.6	39.3	49.7
76	39.4	50.2	39.5	50.2	39.6	50.3	39.6	50.4	39.7	50.5
77	39.9	50.9	40.0	51.0	40.0	51.1	40.1	51.1	40.2	51.2
78	40.3	51.7	40.4	51.8	40.5	51.8	40.6	51.9	40.7	52.0
79	40.8	52.4	40.9	52.5	41.0	52.6	41.0	52.7	41.1	52.7
80	41.3	53.2	41.3	53.3	41.4	53.3	41.5	53.4	41.6	53.5

	− 30°									
	58″.1		58″.2		58″.3		58″.4		58″.5	
′	+ ″	− ″	+ ″	− ″	+ ″	− ″	+ ″	− ″	+ ″	− ″
1	0.6	0.6	0.6	0.6	0.6	0.6	0.6	0.6	0.6	0.6
2	1.2	1.2	1.2	1.2	1.2	1.2	1.2	1.2	1.2	1.2
3	1.7	1.8	1.7	1.8	1.7	1.8	1.7	1.8	1.7	1.8
4	2.3	2.4	2.3	2.4	2.3	2.4	2.3	2.4	2.3	2.4
5	2.9	3.0	2.9	3.0	2.9	3.0	2.9	3.0	2.9	3.0
6	3.5	3.6	3.5	3.6	3.5	3.6	3.5	3.6	3.5	3.6
7	4.0	4.2	4.1	4.2	4.1	4.2	4.1	4.2	4.1	4.2
8	4.6	4.8	4.6	4.8	4.6	4.8	4.6	4.8	4.6	4.8
9	5.2	5.4	5.2	5.4	5.2	5.4	5.2	5.4	5.2	5.4
10	5.8	6.0	5.8	6.0	5.8	6.0	5.8	6.0	5.8	6.0
11	6.3	6.6	6.3	6.6	6.3	6.6	6.4	6.6	6.4	6.6
12	6.9	7.2	6.9	7.2	6.9	7.2	6.9	7.2	6.9	7.2
13	7.5	7.8	7.5	7.8	7.5	7.8	7.5	7.8	7.5	7.8
14	8.0	8.4	8.0	8.4	8.0	8.4	8.1	8.4	8.1	8.4
15	8.6	9.0	8.6	9.0	8.6	9.0	8.6	9.0	8.6	9.1
16	9.1	9.6	9.2	9.6	9.2	9.6	9.2	9.7	9.2	9.7
17	9.7	10.2	9.7	10.2	9.7	10.3	9.8	10.3	9.8	10.3
18	10.3	10.8	10.3	10.9	10.3	10.9	10.3	10.9	10.3	10.9
19	10.8	11.5	10.8	11.5	10.8	11.5	10.9	11.5	10.9	11.5
20	11.4	12.1	11.4	12.1	11.4	12.1	11.4	12.1	11.4	12.2
21	11.9	12.7	11.9	12.7	12.0	12.8	12.0	12.8	12.0	12.8
22	12.5	13.3	12.5	13.4	12.5	13.4	12.5	13.4	12.6	13.4
23	13.0	14.0	13.0	14.0	13.1	14.0	13.1	14.0	13.1	14.1
24	13.6	14.6	13.6	14.6	13.6	14.7	13.6	14.7	13.7	14.7
25	14.1	15.2	14.1	15.3	14.2	15.3	14.2	15.3	14.2	15.3
26	14.7	15.9	14.7	15.9	14.7	15.9	14.7	15.9	14.7	16.0
27	15.2	16.5	15.2	16.5	15.2	16.6	15.3	16.6	15.3	16.6
28	15.7	17.1	15.7	17.2	15.8	17.2	15.8	17.2	15.8	17.3
29	16.2	17.8	16.3	17.8	16.3	17.8	16.3	17.9	16.4	17.9
30	16.8	18.4	16.8	18.5	16.8	18.5	16.9	18.5	16.9	18.5
31	17.3	19.1	17.4	19.1	17.4	19.1	17.4	19.2	17.4	19.2
32	17.9	19.7	17.9	19.8	17.9	19.8	17.9	19.8	18.0	19.9
33	18.4	20.4	18.4	20.4	18.4	20.4	18.5	20.5	18.5	20.5
34	18.9	21.0	18.9	21.1	19.0	21.1	19.0	21.1	19.0	21.2
35	19.4	21.7	19.5	21.7	19.5	21.8	19.5	21.8	19.6	21.8
36	20.0	22.3	20.0	22.4	20.0	22.4	20.1	22.5	20.1	22.5
37	20.5	23.0	20.5	23.0	20.6	23.1	20.6	23.1	20.6	23.2
38	21.0	23.7	21.0	23.7	21.1	23.7	21.1	23.8	21.2	23.8
39	21.5	24.3	21.6	24.4	21.6	24.4	21.6	24.5	21.7	24.5
40	22.0	25.0	22.1	25.0	22.1	25.1	22.2	25.1	22.2	25.2

− 30°

′	58″.1 +	58″.1 −	58″.2 +	58″.2 −	58″.3 +	58″.3 −	58″.4 +	58″.4 −	58″.5 +	58″.5 −
	″	″	″	″	″	″	″	″	″	″
41	22.6	25.7	22.6	25.7	22.6	25.8	22.7	25.8	22.7	25.8
42	23.1	26.3	23.1	26.4	23.2	26.4	23.2	26.5	23.3	26.5
43	23.6	27.0	23.6	27.1	23.7	27.1	23.7	27.1	23.8	27.2
44	24.1	27.7	24.2	27.7	24.2	27.8	24.2	27.8	24.3	27.9
45	24.6	28.4	24.7	28.4	24.7	28.5	24.8	28.5	24.8	28.5
46	25.1	29.0	25.2	29.1	25.2	29.1	25.3	29.2	25.3	29.2
47	25.6	29.7	25.7	29.8	25.7	29.8	25.8	29.9	25.8	29.9
48	26.2	30.4	26.2	30.5	26.3	30.5	26.3	30.6	26.3	30.6
49	26.7	31.1	26.7	31.1	26.8	31.2	26.8	31.2	26.9	31.3
50	27.2	31.8	27.2	31.8	27.3	31.9	27.3	31.9	27.4	32.0
51	27.7	32.5	27.7	32.5	27.8	32.6	27.8	32.6	27.9	32.7
52	28.2	33.2	28.2	33.2	28.3	33.3	28.3	33.3	28.4	33.4
53	28.7	33.9	28.7	33.9	28.8	34.0	28.8	34.0	28.9	34.1
54	29.2	34.6	29.2	34.6	29.3	34.7	29.3	34.7	29.4	34.8
55	29.7	35.3	29.7	35.3	29.8	35.4	29.8	35.4	29.9	35.5
56	30.2	36.0	30.2	36.0	30.3	36.1	30.3	36.1	30.4	36.2
57	30.7	36.7	30.7	36.7	30.8	36.8	30.8	36.8	30.9	36.9
58	31.2	37.4	31.2	37.4	31.3	37.5	31.3	37.5	31.4	37.6
59	31.7	38.1	31.7	38.1	31.8	38.2	31.8	38.3	31.9	38.3
60	32.1	38.8	32.2	38.8	32.3	38.9	32.3	39.0	32.4	39.0
61	32.6	39.5	32.7	39.6	32.8	39.6	32.8	39.7	32.9	39.7
62	33.1	40.2	33.2	40.3	33.3	40.3	33.3	40.4	33.4	40.5
63	33.6	40.9	33.7	41.0	33.7	41.1	33.8	41.1	33.9	41.2
64	34.1	41.7	34.2	41.7	34.2	41.8	34.3	41.9	34.4	41.9
65	34.6	42.4	34.6	42.5	34.7	42.5	34.8	42.6	34.8	42.7
66	35.1	43.1	35.1	43.2	35.2	43.3	35.3	43.3	35.3	43.4
67	35.5	43.8	35.6	43.9	35.7	44.0	35.7	44.1	35.8	44.1
68	36.0	44.6	36.1	44.7	36.2	44.7	36.2	44.8	36.3	44.9
69	36.5	45.3	36.6	45.4	36.6	45.5	36.7	45.5	36.8	45.6
70	37.0	46.1	37.0	46.1	37.1	46.2	37.2	46.3	37.3	46.3
71	37.5	46.8	37.5	46.9	37.6	46.9	37.7	47.0	37.7	47.1
72	37.9	47.5	38.0	47.6	38.1	47.7	38.1	47.8	38.2	47.8
73	38.4	48.3	38.5	48.4	38.5	48.4	38.6	48.5	38.7	48.6
74	38.9	49.0	38.9	49.1	39.0	49.2	39.1	49.3	39.2	49.3
75	39.3	49.8	39.4	49.9	39.5	49.9	39.6	50.0	39.6	50.1
76	39.8	50.5	39.9	50.6	40.0	50.7	40.0	50.8	40.1	50.9
77	40.3	51.3	40.3	51.4	40.4	51.5	40.5	51.5	40.6	51.6
78	40.7	52.1	40.8	52.1	40.9	52.2	41.0	52.3	41.0	52.4
79	41.2	52.8	41.3	52.9	41.4	53.0	41.4	53.1	41.5	53.1
80	41.7	53.6	41.7	53.7	41.8	53.7	41.9	53.8	42.0	53.9

— 30°

′	58″.6 +	58″.6 −	58″.7 +	58″.7 −	58″.8 +	58″.8 −	58″.9 +	58″.9 −	59″.0 +	59″.0 −
	″	″	″	″	″	″	″	″	″	″
1	0.6	0.6	0.6	0.6	0.6	0.6	0.6	0.6	0.6	0.6
2	1.2	1.2	1.2	1.2	1.2	1.2	1.2	1.2	1.2	1.2
3	1.8	1.8	1.8	1.8	1.8	1.8	1.8	1.8	1.8	1.8
4	2.3	2.4	2.3	2.4	2.3	2.4	2.3	2.4	2.4	2.4
5	2.9	3.0	2.9	3.0	2.9	3.0	2.9	3.0	2.9	2.9
6	3.5	3.6	3.5	3.6	3.5	3.6	3.5	3.6	3.5	3.6
7	4.1	4.2	4.1	4.2	4.1	4.2	4.1	4.2	4.1	4.2
8	4.7	4.8	4.7	4.8	4.7	4.8	4.7	4.8	4.7	4.8
9	5.2	5.4	5.2	5.4	5.2	5.4	5.3	5.4	5.3	5.4
10	5.8	6.0	5.8	6.0	5.8	6.0	5.8	6.0	5.8	6.0
11	6.4	6.6	6.4	6.6	6.4	6.6	6.4	6.7	6.4	6.7
12	6.9	7.2	7.0	7.2	7.0	7.3	7.0	7.3	7.0	7.3
13	7.5	7.8	7.5	7.9	7.5	7.9	7.6	7.9	7.6	7.9
14	8.1	8.5	8.1	8.5	8.1	8.5	8.1	8.5	8.1	8.5
15	8.7	9.1	8.7	9.1	8.7	9.1	8.7	9.1	8.7	9.1
16	9.2	9.7	9.2	9.7	9.3	9.7	9.3	9.7	9.3	9.8
17	9.8	10.3	9.8	10.3	9.8	10.3	9.8	10.4	9.8	10.4
18	10.3	10.9	10.4	10.9	10.4	11.0	10.5	11.1	10.4	11.0
19	10.9	11.6	10.9	11.6	10.9	11.6	11.0	11.6	11.0	11.8
20	11.5	12.2	11.5	12.2	11.5	12.2	11.5	12.2	11.5	12.3
21	12.0	12.8	12.0	12.8	12.1	12.9	12.1	12.9	12.1	12.9
22	12.6	13.4	12.6	13.5	12.6	13.5	12.6	13.5	12.7	13.5
23	13.1	14.1	13.1	14.1	13.2	14.1	13.2	14.2	13.2	14.2
24	13.7	14.7	13.7	14.8	13.7	14.8	13.8	14.8	13.8	14.8
25	14.2	15.4	14.3	15.4	14.3	15.4	14.3	15.4	14.3	15.5
26	14.8	16.0	14.8	16.0	14.8	16.1	14.8	16.1	14.9	16.1
27	15.3	16.6	15.3	16.7	15.4	16.7	15.4	16.7	15.4	16.7
28	15.9	17.3	15.9	17.3	15.9	17.3	15.9	17.4	16.0	17.4
29	16.4	17.9	16.4	18.0	16.5	18.0	16.5	18.0	16.5	18.0
30	16.9	18.6	17.0	18.6	17.0	18.6	17.0	18.7	17.1	18.7
31	17.5	19.2	17.5	19.3	17.5	19.3	17.6	19.3	17.6	19.4
32	18.0	19.9	18.0	19.9	18.1	20.0	18.1	20.0	18.1	20.0
33	18.5	20.5	18.6	20.6	18.6	20.6	18.6	20.6	18.7	20.7
34	19.1	21.2	19.1	21.2	19.1	21.3	19.2	21.3	19.2	21.3
35	19.6	21.9	19.6	21.9	19.7	21.9	19.7	22.0	19.7	22.0
36	20.1	22.5	20.2	22.6	20.2	22.6	20.3	22.6	20.3	22.7
37	20.7	23.2	20.7	23.2	20.7	23.3	20.8	23.3	20.8	23.3
38	21.2	23.9	21.2	23.9	21.3	23.9	21.3	24.0	21.3	24.0
39	21.7	24.5	21.8	24.6	21.8	24.6	21.8	24.6	21.9	24.7
40	22.2	25.2	22.3	25.2	22.3	25.3	22.4	25.3	22.4	25.4

— 30°

	58″.6		58″.7		58″.8		58″.9		59″.0	
	+	−	+	−	+	−	+	−	+	−
′	″	″	″	″	″	″	″	″	″	″
41	22.8	25.9	22.8	25.9	22.9	26.0	22.9	26.0	22.9	26.0
42	23.3	26.6	23.3	26.6	23.4	26.6	23.4	26.7	23.5	26.7
43	23.8	27.2	23.9	27.3	23.9	27.3	23.9	27.4	24.0	27.4
44	24.3	27.9	24.4	28.0	24.4	28.0	24.5	28.0	24.5	28.1
45	24.9	28.6	24.9	28.6	24.9	28.7	25.0	28.7	25.0	28.8
46	25.4	29.3	25.4	29.3	25.5	29.4	25.5	29.4	25.5	29.5
47	25.9	30.0	25.9	30.0	26.0	30.1	26.0	30.1	26.1	30.1
48	26.4	30.6	26.4	30.7	26.5	30.7	26.5	30.8	26.6	30.8
49	26.9	31.3	27.0	31.4	27.0	31.4	27.1	31.5	27.1	31.5
50	27.4	32.0	27.5	32.1	27.5	32.1	27.6	32.2	27.6	32.2
51	27.9	32.7	28.0	32.8	28.0	32.8	28.1	32.9	28.1	32.9
52	28.4	33.4	28.5	33.5	28.5	33.5	28.6	33.6	28.6	33.6
53	28.9	34.1	29.0	34.2	29.0	34.2	29.1	34.3	29.2	34.3
54	29.4	34.8	29.5	34.9	29.6	34.9	29.6	35.0	29.7	35.0
55	29.9	35.5	30.0	35.6	30.1	35.6	30.1	35.7	30.2	35.7
56	30.5	36.2	30.5	36.3	30.6	36.3	30.6	36.4	30.7	36.5
57	31.0	36.9	31.0	37.0	31.1	37.1	31.1	37.1	31.2	37.2
58	31.5	37.7	31.5	37.7	31.6	37.8	31.6	37.8	31.7	37.9
59	32.0	38.4	32.0	38.4	32.1	38.5	32.1	38.5	32.2	38.6
60	32.5	39.1	32.5	39.1	32.6	39.2	32.6	39.3	32.7	39.3
61	32.9	39.8	33.0	39.9	33.1	39.9	33.1	40.0	33.2	40.1
62	33.4	40.5	33.5	40.6	33.6	40.7	33.6	40.7	33.7	40.8
63	33.9	41.3	34.0	41.3	34.0	41.4	34.1	41.4	34.2	41.5
64	34.4	42.0	34.5	42.1	34.5	42.1	34.6	42.2	34.7	42.2
65	34.9	42.7	35.0	42.8	35.0	42.8	35.1	42.9	35.2	43.0
66	35.4	43.4	35.5	43.5	35.5	43.6	35.6	43.6	35.7	43.7
67	35.9	44.2	36.0	44.3	36.0	44.3	36.1	44.4	36.1	44.4
68	36.4	44.9	36.4	45.0	36.5	45.1	36.6	45.1	36.6	45.2
69	36.8	45.7	36.9	45.7	37.0	45.8	37.1	45.9	37.1	45.9
70	37.3	46.4	37.4	46.5	37.5	46.5	37.5	46.6	37.6	46.7
71	37.8	47.2	37.9	47.2	38.0	47.3	38.0	47.4	38.1	47.4
72	38.3	47.9	38.4	48.0	38.4	48.1	38.5	48.1	38.6	48.2
73	38.8	48.7	38.9	48.7	38.9	48.8	39.0	48.9	39.1	49.0
74	39.2	49.4	39.3	49.5	39.4	49.6	39.5	49.6	39.5	49.7
75	39.7	50.2	39.8	50.2	39.9	50.3	39.9	50.4	40.0	50.5
76	40.2	50.9	40.3	51.0	40.3	51.1	40.4	51.2	40.5	51.2
77	40.7	51.7	40.7	51.8	40.8	51.8	40.9	51.9	41.0	52.0
78	41.1	52.5	41.2	52.5	41.3	52.6	41.4	52.7	41.4	52.8
79	41.6	53.2	41.7	53.3	41.7	53.4	41.8	53.5	41.9	53.5
80	42.1	54.0	42.1	54.1	42.2	54.1	42.3	54.2	42.4	54.3

− 30°

	59″.1		59″.2		59″.3		59″.4		59″.5	
	+	−	+	−	+	−	+	−	+	−
′	″	″	″	″	″	″	″	″	″	″
1	0.6	0.6	0.6	0.6	0.6	0.6	0.6	0.6	0.6	0.6
2	1.2	1.2	1.2	1.2	1.2	1.2	1.2	1.2	1.2	1.2
3	1.8	1.8	1.8	1.8	1.8	1.8	1.8	1.8	1.8	1.8
4	2.4	2.4	2.4	2.4	2.4	2.4	2.4	2.4	2.4	2.4
5	2.9	3.0	2.9	3.0	3.0	3.0	3.0	3.0	3.0	3.0
6	3.5	3.6	3.5	3.6	3.5	3.6	3.5	3.6	3.6	3.6
7	4.1	4.2	4.1	4.2	4.1	4.2	4.1	4.2	4.1	4.3
8	4.7	4.8	4.7	4.8	4.7	4.9	4.7	4.9	4.7	4.9
9	5.3	5.4	5.3	5.5	5.3	5.5	5.3	5.5	5.3	5.5
10	5.9	6.1	5.9	6.1	5.9	6.1	5.9	6.1	5.9	6.1
11	6.4	6.7	6.4	6.7	6.5	6.7	6.5	6.7	6.5	6.7
12	7.0	7.3	7.0	7.3	7.0	7.3	7.0	7.3	7.1	7.3
13	7.6	7.9	7.6	7.9	7.6	7.9	7.6	7.9	7.6	8.0
14	8.2	8.5	8.2	8.5	8.2	8.6	8.2	8.6	8.2	8.6
15	8.7	9.1	8.7	9.2	8.8	9.2	8.8	9.2	8.8	9.2
16	9.3	9.8	9.3	9.8	9.3	9.8	9.4	9.8	9.4	9.8
17	9.9	10.4	9.9	10.4	9.9	10.4	9.9	10.5	9.9	10.5
18	10.4	11.0	10.5	11.0	10.5	11.1	10.5	11.1	10.5	11.1
19	11.0	11.7	11.0	11.7	11.0	11.7	11.1	11.7	11.1	11.7
20	11.6	12.3	11.6	12.3	11.6	12.3	11.6	12.3	11.6	12.4
21	12.1	12.9	12.1	12.9	12.2	13.0	12.2	13.0	12.2	13.0
22	12.7	13.6	12.7	13.6	12.7	13.6	12.8	13.6	12.8	13.6
23	13.2	14.2	13.3	14.2	13.3	14.2	13.3	14.3	13.3	14.3
24	13.8	14.8	13.8	14.9	13.8	14.9	13.9	14.9	13.9	14.9
25	14.4	15.5	14.4	15.5	14.4	15.5	14.4	15.6	14.5	15.6
26	14.9	16.1	14.9	16.2	15.0	16.2	15.0	16.2	15.0	16.2
27	15.5	16.8	15.5	16.8	15.5	16.8	15.5	16.9	15.6	16.9
28	16.0	17.4	16.0	17.5	16.0	17.5	16.1	17.5	16.1	17.5
29	16.5	18.1	16.6	18.1	16.6	18.1	16.6	18.2	16.7	18.2
30	17.1	18.7	17.1	18.8	17.1	18.8	17.2	18.8	17.2	18.9
31	17.6	19.4	17.7	19.4	17.7	19.4	17.7	19.5	17.8	19.5
32	18.2	20.1	18.2	20.1	18.2	20.1	18.3	20.1	18.3	20.2
33	18.7	20.7	18.7	20.7	18.8	20.8	18.8	20.8	18.8	20.8
34	19.3	21.4	19.3	21.4	19.3	21.5	19.4	21.5	19.4	21.5
35	19.8	22.0	19.8	22.1	19.9	22.1	19.9	22.1	19.9	22.2
36	20.3	22.7	20.4	22.7	20.4	22.8	20.4	22.8	20.5	22.9
37	20.9	23.4	20.9	23.4	20.9	23.4	21.0	23.5	21.0	23.5
38	21.4	24.0	21.4	24.1	21.5	24.1	21.5	24.2	21.5	24.2
39	21.9	24.7	21.9	24.8	22.0	24.8	22.0	24.8	22.1	24.9
40	22.4	25.4	22.5	25.4	22.5	25.5	22.6	25.5	22.6	25.6

— 30°

	59″.1		59″.2		59″.3		59″.4		59″.5	
	+	—	+	—	+	—	+	—	+	—
′	″	″	″	″	″	″	″	″	″	″
41	23.0	26.1	23.0	26.1	23.1	26.2	23.1	26.2	23.1	26.2
42	23.5	26.8	23.5	26.8	23.6	26.8	23.6	26.9	23.7	26.9
43	24.0	27.4	24.1	27.5	24.1	27.5	24.2	27.6	24.2	27.6
44	24.6	28.1	24.6	28.2	24.6	28.2	24.7	28.3	24.7	28.3
45	25.1	28.8	25.1	28.9	25.2	28.9	25.2	28.9	25.3	29.0
46	25.6	29.5	25.6	29.5	25.7	29.6	25.7	29.6	25.8	29.7
47	26.1	30.2	26.2	30.2	26.2	30.3	26.3	30.3	26.3	30.4
48	26.6	30.9	26.7	30.9	26.7	31.0	26.8	31.0	26.8	31.1
49	27.2	31.6	27.2	31.6	27.3	31.7	27.3	31.7	27.4	31.8
50	27.7	32.3	27.7	32.3	27.8	32.4	27.8	32.4	27.9	32.5
51	28.2	33.0	28.2	33.0	28.3	33.1	28.3	33.1	28.4	33.2
52	28.7	33.7	28.7	33.7	28.8	33.8	28.9	33.8	28.9	33.9
53	29.2	34.4	29.3	34.4	29.3	34.5	29.4	34.5	29.4	34.6
54	29.7	35.1	29.8	35.1	29.8	35.2	29.9	35.3	29.9	35.3
55	30.2	35.8	30.3	35.9	30.3	35.9	30.4	36.0	30.4	36.0
56	30.7	36.5	30.8	36.6	30.8	36.6	30.9	36.7	31.0	36.7
57	31.2	37.2	31.3	37.3	31.4	37.3	31.4	37.4	31.5	37.5
58	31.7	37.9	31.8	38.0	31.9	38.1	31.9	38.1	32.0	38.2
59	32.2	38.7	32.3	38.7	32.4	38.8	32.4	38.8	32.5	38.9
60	32.7	39.4	32.8	39.5	32.9	39.5	32.9	39.6	33.0	39.6
61	33.2	40.1	33.3	40.2	33.4	40.2	33.4	40.3	33.5	40.4
62	33.7	40.8	33.8	40.9	33.9	41.0	33.9	41.0	34.0	41.1
63	34.2	41.6	34.3	41.6	34.4	41.7	34.4	41.8	34.5	41.8
64	34.7	42.3	34.8	42.4	34.9	42.4	34.9	42.5	35.0	42.6
65	35.2	43.0	35.3	43.1	35.4	43.2	35.4	43.2	35.5	43.3
66	35.7	43.8	35.8	43.8	35.9	43.9	35.9	44.0	36.0	44.0
67	36.2	44.5	36.3	44.6	36.3	44.7	36.4	44.7	36.5	44.8
68	36.7	45.3	36.8	45.3	36.8	45.4	36.9	45.5	37.0	45.5
69	37.2	46.0	37.3	46.1	37.3	46.2	37.4	46.2	37.5	46.3
70	37.7	46.8	37.7	46.8	37.8	46.9	37.9	47.0	38.0	47.0
71	38.2	47.5	38.2	47.6	38.3	47.7	38.4	47.7	38.4	47.8
72	38.6	48.3	38.7	48.3	38.8	48.4	38.9	48.5	38.9	48.6
73	39.1	49.0	39.2	49.1	39.3	49.2	39.4	49.2	39.4	49.3
74	39.6	49.8	39.7	49.9	39.8	49.9	39.8	50.0	39.9	50.1
75	40.1	50.5	40.2	50.6	40.2	50.7	40.3	50.8	40.4	50.8
76	40.6	51.3	40.6	51.4	40.7	51.5	40.8	51.5	40.9	51.6
77	41.0	52.1	41.1	52.2	41.2	52.2	41.3	52.3	41.3	52.4
78	41.5	52.8	41.6	52.9	41.7	53.0	41.7	53.1	41.8	53.2
79	42.0	53.6	42.1	53.7	42.2	53.8	42.2	53.9	42.3	53.9
80	42.5	54.4	42.5	54.5	42.6	54.5	42.7	54.6	42.8	54.7

— 30°

	59″.7		59″.8		59″.9		60″.0		60″.1	
	+	−	+	−	+	−	+	−	+	−
′	″	″	″	″	″	″	″	″	″	″
1	0.6	0.6	0.6	0.6	0.6	0.6	0.6	0.6	0.6	0.6
2	1.2	1.2	1.2	1.2	1.2	1.2	1.2	1.2	1.2	1.2
3	1.8	1.8	1.8	1.8	1.8	1.8	1.8	1.8	1.8	1.8
4	2.4	2.4	2.4	2.4	2.4	2.4	2.4	2.4	2.4	2.4
5	3.0	3.0	3.0	3.0	3.0	3.0	3.0	3.1	3.0	3.1
6	3.6	3.7	3.6	3.7	3.6	3.7	3.6	3.7	3.6	3.7
7	4.2	4.3	4.2	4.3	4.2	4.3	4.2	4.3	4.2	4.3
8	4.7	4.9	4.8	4.9	4.8	4.9	4.8	4.9	4.8	4.9
9	5.3	5.5	5.3	5.5	5.4	5.5	5.4	5.5	5.4	5.5
10	5.9	6.1	5.9	6.1	5.9	6.1	5.9	6.1	6.0	6.2
11	6.5	6.7	6.5	6.8	6.5	6.8	6.5	6.8	6.5	6.8
12	7.1	7.4	7.1	7.4	7.1	7.4	7.1	7.4	7.1	7.4
13	7.7	8.0	7.7	8.0	7.7	8.0	7.7	8.0	7.7	8.0
14	8.2	8.6	8.3	8.6	8.3	8.6	8.3	8.6	8.3	8.7
15	8.8	9.2	8.8	9.2	8.9	9.3	9.0	9.3	9.0	9.3
16	9.4	9.9	9.4	9.9	9.4	9.9	9.4	9.9	9.5	9.9
17	10.0	10.5	10.0	10.5	10.0	10.5	10.0	10.6	10.0	10.6
18	10.5	11.1	10.6	11.2	10.6	11.2	10.6	11.2	10.6	11.2
19	11.1	11.8	11.1	11.8	11.2	11.8	11.2	11.8	11.2	11.8
20	11.7	12.4	11.7	12.4	11.7	12.4	11.7	12.5	11.8	12.5
21	12.3	13.1	12.3	13.1	12.3	13.1	12.3	13.1	12.3	13.1
22	12.8	13.7	12.8	13.7	12.9	13.7	12.9	13.8	12.9	13.8
23	13.4	14.3	13.4	14.4	13.4	14.4	13.4	14.4	13.5	14.4
24	13.9	15.0	14.0	15.0	14.0	15.0	14.0	15.1	14.0	15.1
25	14.5	15.6	14.5	15.7	14.6	15.7	14.6	15.7	14.6	15.7
26	15.1	16.3	15.1	16.3	15.1	16.3	15.1	16.4	15.2	16.4
27	15.6	16.9	15.6	17.0	15.7	17.0	15.7	17.0	15.7	17.0
28	16.2	17.6	16.2	17.6	16.2	17.7	16.2	17.7	16.3	17.7
29	16.7	18.3	16.8	18.3	16.8	18.3	16.8	18.3	16.8	18.4
30	17.3	18.9	17.3	18.9	17.3	19.0	17.4	19.0	17.4	19.0
31	17.8	19.6	17.9	19.6	17.9	19.6	17.9	19.7	17.9	19.7
32	18.4	20.2	18.4	20.3	18.4	20.3	18.5	20.3	18.5	20.4
33	18.9	20.9	18.9	20.9	19.0	21.0	19.0	21.0	19.0	21.0
34	19.5	21.6	19.5	21.6	19.5	21.6	19.6	21.7	19.6	21.7
35	20.0	22.3	20.0	22.3	20.1	22.3	20.1	22.4	20.1	22.4
36	20.5	22.9	20.6	23.0	20.6	23.0	20.6	23.0	20.7	23.1
37	21.1	23.6	21.1	23.6	21.2	23.7	21.2	23.7	21.2	23.7
38	21.6	24.3	21.7	24.3	21.7	24.4	21.7	24.4	21.8	24.4
39	22.2	25.0	22.2	25.0	22.2	25.0	22.3	25.1	22.3	25.1
40	22.7	25.6	22.7	25.7	22.8	25.7	22.8	25.8	22.8	25.8

— 30°

	59″.7		59″.8		59″.9		60″.0		60″.1	
	+	−	+	−	+	−	+	−	+	−
′	″	″	″	″	″	″	″	″	″	″
41	23.2	26.3	23.3	26.4	23.3	26.4	23.3	26.4	23.4	26.5
42	23.8	27.0	23.8	27.1	23.8	27.1	23.9	27.1	23.9	27.2
43	24.3	27.7	24.3	27.7	24.4	27.8	24.4	27.8	24.5	27.9
44	24.8	28.4	24.9	28.4	24.9	28.5	24.9	28.5	25.0	28.6
45	25.3	29.1	25.4	29.1	25.4	29.2	25.5	29.2	25.5	29.3
46	25.9	29.8	25.9	29.8	26.0	29.9	26.0	29.9	26.1	30.0
47	26.4	30.5	26.4	30.5	26.5	30.6	26.5	30.6	26.6	30.7
48	26.9	31.2	27.0	31.2	27.0	31.3	27.1	31.3	27.1	31.4
49	27.4	31.9	27.5	31.9	27.6	32.0	27.6	32.0	27.6	32.1
50	28.0	32.6	28.0	32.6	28.1	32.7	28.1	32.7	28.2	32.8
51	28.5	33.3	28.5	33.3	28.6	33.4	28.6	33.4	28.7	33.5
52	29.0	34.0	29.1	34.0	29.1	34.1	29.2	34.1	29.2	34.2
53	29.5	34.7	29.6	34.8	29.6	34.8	29.7	34.9	29.7	34.9
54	30.0	35.4	30.1	35.5	30.1	35.5	30.2	35.6	30.3	35.6
55	30.6	36.1	30.6	36.2	30.7	36.2	30.7	36.3	30.8	36.4
56	31.1	36.9	31.1	36.9	31.2	37.0	31.2	37.0	31.3	37.1
57	31.6	37.6	31.6	37.6	31.7	37.7	31.8	37.7	31.8	37.8
58	32.1	38.3	32.2	38.4	32.2	38.4	32.3	38.5	32.3	38.5
59	32.6	39.0	32.7	39.1	32.7	39.1	32.8	39.2	32.8	39.3
60	33.1	39.7	33.2	39.8	33.2	39.9	33.3	39.9	33.3	40.0
61	33.6	40.5	33.7	40.5	33.7	40.6	33.8	40.7	33.9	40.7
62	34.1	41.2	34.2	41.3	34.2	41.3	34.3	41.4	34.4	41.5
63	34.6	42.0	34.7	42.0	34.7	42.1	34.8	42.1	34.9	42.2
64	35.1	42.7	35.2	42.8	35.3	42.8	35.3	42.9	35.4	42.9
65	35.6	43.4	35.7	43.5	35.8	43.6	35.8	43.6	35.9	43.7
66	36.1	44.2	36.2	44.2	36.3	44.3	36.3	44.4	36.4	44.4
67	36.6	44.9	36.7	45.0	36.8	45.1	36.8	45.1	36.9	45.2
68	37.1	45.7	37.2	45.7	37.3	45.8	37.3	45.9	37.4	45.9
69	37.6	46.4	37.7	46.5	37.7	46.6	37.8	46.6	37.9	46.7
70	38.1	47.2	38.2	47.2	38.2	47.3	38.3	47.4	38.4	47.5
71	38.6	47.9	38.7	48.0	38.7	48.1	38.8	48.1	38.9	48.2
72	39.1	48.7	39.1	48.8	39.2	48.8	39.3	48.9	39.4	49.0
73	39.6	49.5	39.6	49.5	39.7	49.6	39.8	49.7	39.9	49.8
74	40.1	50.2	40.1	50.3	40.2	50.4	40.3	50.4	40.2	50.5
75	40.5	51.0	40.6	51.1	40.7	51.1	40.8	51.2	40.8	51.3
76	41.0	51.8	41.1	51.8	41.2	51.9	41.2	52.0	41.3	52.1
77	41.5	52.5	41.6	52.6	41.7	52.7	41.7	52.8	41.8	52.8
78	42.0	53.3	42.1	53.4	42.1	53.5	42.2	53.5	42.3	53.6
79	42.5	54.1	42.5	54.2	42.6	54.3	42.7	54.3	42.8	54.4
80	42.9	54.9	43.0	54.9	43.1	55.0	43.2	55.1	43.3	55.2

Druck von Carl Georgi in Bonn.

FSC
www.fsc.org
MIX
Papier | Fördert
gute Waldnutzung
FSC® C083411

Zeitfracht Medien GmbH
Ferdinand-Jühlke-Straße 7
99095 Erfurt, Deutschland
produktsicherheit@kolibri360.de